Ankitkumar K. Chaudhari
Hemant Sharma

Potencial patogénico e gestão da micoflora de sementes de feijão-frade

Ankitkumar K. Chaudhari
Hemant Sharma

Potencial patogénico e gestão da micoflora de sementes de feijão-frade

ScienciaScripts

Cover image: www.ingimage.com

This book is a translation from the original published under ISBN 978-3-659-85288-6.

Publisher:
Sciencia Scripts
is a trademark of
Dodo Books Indian Ocean Ltd. and OmniScriptum S.R.L publishing group

120 High Road, East Finchley, London, N2 9ED, United Kingdom
Str. Armeneasca 28/1, office 1, Chisinau MD-2012, Republic of Moldova, Europe
Managing Directors: Ieva Konstantinova, Victoria Ursu
info@omniscriptum.com

Printed at: see last page
ISBN: 978-620-8-36953-8

ÍNDICE

Dedicando-se a...

MEU AMADO

PAIS E MULHERES

de quem herdei o interesse pela

CIÊNCIA

POTENCIAL PATOGÉNICO E MANEJO DA SEMENTE MYCOFLORA DE PIGEONPEA [*Cajanus cajan* (L.) MILLSP.]

Chaudhari Ankitkumar

Kantibhai

DEPARTAMENTO DE PATOLOGIA VEGETAL
N. M. COLLEGE OF AGRICULTURE
NAVSARI AGRICULTURAL UNIVERSITY
NAVSARI 396 450

RESUMO

Os fungos que infectam as sementes são um importante fator de limitação da cultura do feijão-frade cultivado durante a estação *Kharif.* Foram investigados certos aspectos relacionados com a saúde das sementes, incluindo o isolamento de fungos que infectam as sementes de feijão-frade, a sintomatologia induzida por fungos que infectam as sementes, o impacto dos fungos que infectam as sementes no estado de saúde das sementes no que diz respeito à germinação e ao vigor das plântulas, efeito dos filtrados de cultura de fungos que infectam as sementes na germinação das sementes e no crescimento das plântulas, efeito da infeção das sementes na qualidade das sementes, rastreio de antagonistas conhecidos como agente biopreparador e fitoextratos para controlar os fungos transmitidos pelas sementes *in vitro*, gestão dos fungos que infectam as sementes através do tratamento das sementes com produtos químicos. A investigação foi efectuada em 2014 no Departamento de Patologia Vegetal da Universidade de N. A., Navsari.

Amostras de sementes infectadas de feijão bóer colhidas em campos de cultivo de feijão bóer dos agricultores do distrito de Navsari e da Pulse Research Station Farm, N. A. U., Navsari, revelaram as variedades de sintomas: sementes descoloridas, murchas, danificadas, inertes e saudáveis. O isolamento dos fungos que infectam as sementes foi efectuado pelo método padrão de blotter e pelo método de placa PDA. O isolamento por ambos os métodos revelou a associação de *Alternaria alternata, Fusarium oxysporum, Fusarium moniliforme, Fusarium udum, Drechslera* sp., *Curvularia lunata, Rhizoctonia* sp., *Aspergillus niger* e *Aspergillus flavus.* No teste de patogenicidade, a maior percentagem de mortalidade pré-emergência foi observada em sementes inoculadas com *Aspergillus niger* (58,00% e 57,50%) no teste *in vitro* e *in vivo*, respetivamente. Por outro lado, a mortalidade pós-emergência mais elevada foi registada em *Aspergillus niger* (64,29%) no teste *in vitro* e em *Fusarium oxysporum* (68,18%) no teste *in vivo.*

Todos os nove fungos diferentes prejudicaram significativamente o estado de saúde das sementes, como é evidente a partir da inoculação artificial das sementes. No geral, os fungos induziram uma redução de 6,18 a 42,26, 9,28 a 57,80 e 20,48 a 60,61 por cento na germinação das sementes, no comprimento do rebento e no comprimento da raiz em relação às sementes saudáveis, respetivamente. A inoculação das sementes com *Aspergillus niger* reduziu significativamente a germinação (56,00%), o comprimento mínimo do rebento (4,00 cm), o comprimento da raiz (5,25 cm) e o índice de vigor das plântulas (518,20).

As sementes inoculadas com filtrado de cultura de *Aspergillus niger* revelaram significativamente a menor germinação de sementes (43,00%), comprimento mínimo de rebentos (3,30 cm), comprimento de raízes (4,70 cm) e índice de vigor de sementes (344,20) em relação ao controlo.

A maior redução na proteína da semente (58,17%) e no conteúdo de TSS (52,00%) foi observada nas sementes descoloridas, enquanto que a diminuição do conteúdo de lípidos (55,25%) nas sementes murchas foi superior à do controlo.

A biopreparação de sementes com *Trichoderma viride* registou a maior germinação de sementes (88,00%), comprimento de rebentos (9,03 cm), comprimento de raiz (1 1,17 cm) e deu o maior índice de vigor de plântulas (1777,46). Enquanto que, as sementes tratadas com extrato de sementes de Neem a 1% deram a maior germinação de sementes (78,67%), comprimento de rebentos (7,97 cm), comprimento de raiz (9,20 cm) e o maior índice de vigor de plântulas (1350,00) em fito-extractos.

Sementes tratadas com metalaxyl 8% + mancozeb 64% @ 0.2 % deram maior germinação (93.33%), comprimento de rebento (1 1.23 cm), comprimento de raiz (13.67 cm) e índice de vigor de semente (2323.73).

RECONHECIMENTO

Todo o louvor a Deus, grande benevolente, sempre misericordioso. Deus encheu-me de coragem e confiança para cumprir a tarefa desejada. As dedicações humildes são a personalidade perfeita do universo de todos os tempos.

Tudo tem a sua própria beleza, mas nem toda a gente consegue ver sem uma observação crítica e uma grande visão. Não é possível encontrar palavras adequadas no léxico atualmente disponível para referir a excelente orientação dada pelo meu orientador principal, **Dr. Hemant Sharma,** Professor Associado, Instituto de Biotecnologia Agrícola de Gujarat, Universidade Agrícola de Navsari, Surat, quando embarcámos nesta viagem e nos apercebemos da magnitude de várias actividades pormenorizadas, começando pelos manuscritos. A tese não teria assumido esta forma sem os esforços sinceros, incansáveis e dedicados do Dr. Hemant Sharma, que foi uma fonte constante de inspiração pelas suas sugestões úteis, orientação inestimável, conselhos construtivos e ajuda sem reservas, que serviu de luz de aviso durante todo o período de estudo do curso e do trabalho de investigação.

Agradeço aos membros do meu comité consultivo, **Dr. G. B. Kalariya** [Associado de Formação (P.P.)] (ATIC), **Dr. K. B. Rakholiya**, Professor Associado (Departamento de Fitopatologia) e **Prof. J. R. Naik**, Professor Associado (Departamento de Estatística Agrícola) pelas suas valiosas sugestões e críticas construtivas durante o curso desta investigação.

Expresso os meus sinceros agradecimentos ao **Dr. Lalit Mahatma,** ao **Dr. V. A. Solanki,** ao **Prof. Danny Tandel,** ao **Prof. Dr. J. R. Pandya,** a **M. D. Khunt,** a **Nitalben,** a **Rupalben, a Nainaben, a Ishwarbhai,** a **Harshadbhai, a Hiteshbhai** e a todos os outros membros do pessoal do Department of Plant Pathology e do Department of Agril. Entomology, Navsari, pelo seu valioso incentivo e apoio moral durante o meu período de estudo.

Agradeço também ao **Dr. A. N. Sabalpara** (Diretor de Investigação e Reitor da PGS), ao **Dr. M. K. Arvadia** (Reitor) e às autoridades da Universidade Agrícola de Navsari, Navsari, por me terem proporcionado esta oportunidade valiosa e de ouro para melhorar as minhas qualificações na disciplina de Fitopatologia.

Embora os agradecimentos sejam tabu na amizade, a minha consciência não me permite abster-me de expressar o meu sentimento sincero para com os meus queridos amigos **Mulji, Darshana, Mital, Bhavesh (B.D.), Manish (Aka, @$h kinG), Tejas (Grand Mamu), Kheni, Lalji (L.O.D.), Jigar, Panchal, Bhavesh, (Ckek's), Sant, Dipak, Jaymin, Pankaj Singh, Dhairya (:-D^{100}), e(G)-irish Hadiya, Rasik, Vishvajeet, Rakesh, B.A., Circuit, Ravi Ghevaria, Bebo**

(Vimal), M>M>, Mali, Roshni, Kinjal, Chirag, Rajendra, Savaliya, Arpit, Umesh, Ankit, Divyesh, Aashish, Girish, Villy & Vijju e os meus colegas mais velhos **Sunil (Gabbar), Dr. Bhaveshbhai Patel, Dr. Gaurangbhai Patel, Niraj (Gopi) Patel, Jitendar Sharma, Madho (Akash), Pankaj, Nishant, Harsh, Bharat (Bhai-G), Prof. Harshalbhai Patel, Gopalbhai, Pravin (R.J.)** e os meus colegas mais novos **Ravi (Chhotu), Pradip (Petter), Umang, Dinesh, Sanket (Sank's), Pravin, Kiran (More) e Vinu Ahir**. Os meus amigos de infância **Hitesh, Jimmo, Kapoor, Bhavesh, Lolo, Gugaru, Chelo, Jivdu, Madhyo, Irfan, S.V.** e **Shakti** e muitos outros que estão no meu coração pela sua excelente companhia, afectos mais calorosos e cooperação. Todos estes amigos são tão íntimos que me parece estranho dizer-lhes "obrigado", mas estarei sempre disposto a ajudá-los sempre que a oportunidade surgir.

Expresso a minha sincera gratidão ao meu pai, **Sr. Kantibhai Chaudhary**, e à minha mãe**, Sra. Jamiben Chaudhary, ao** Mota pappa**, Sr. Gandabhai Chaudhary**, e à Masi**, Sra. Amthiben,** pelo seu amor eterno, encorajamento constante, apoio nas orações e sacrifícios, sem os quais este sonho não se poderia ter tornado realidade. Estão presentes a cada passo do caminho; seguraram-me a mão durante toda a longa viagem, são verdadeiramente o vento sob as minhas asas. Desejo igualmente expressar a minha profunda gratidão e respeito aos membros da minha família, o meu adorável irmão mais novo **Bhavik Chaudhary** e a minha irmã mais velha **Usha Chaudhary** e o meu irmão **Jagdish Chaudhary** & **Shilpabhabhi** e os meus queridos sobrinhos **Krish Chaudhary** & **Warren Chaudhary**, pelo amor, inspiração, encorajamento, apoio moral e sacrifício pessoal contínuos a todos os níveis possíveis.

Quero exprimir a minha mais profunda gratidão à minha mulher **Jagruti Chaudhary (Jagu/Jaglo)** pelo seu constante encorajamento, amor incondicional e apoio moral.

Por último, mas não menos importante, um milhão de agradecimentos à **"Natureza"** que me ajudou a realizar esta tarefa e fez com que cada trabalho fosse um sucesso para mim.

(Chaudhari Ankitkumar K.)

I. INTRODUÇÃO

O feijão-frade [*Cajanus cajan* (L.) Millsp.], também conhecido como grama-vermelha, tur, arhar, tuvarica, congobean, thogari ou gandul, é uma leguminosa importante do ponto de vista económico e nutricional e constitui uma importante fonte de proteínas para as comunidades pobres de muitas regiões tropicais e subtropicais do mundo. A nível mundial, é cultivada em (4,79 milhões de hectares) em 22 países (FAO, 2008), mas apenas alguns são grandes produtores no mundo. Na Ásia, a Índia tem a maior área cultivada com feijão-frade (3,90 milhões de hectares), com uma produção total e uma produtividade de 3,17 milhões de toneladas e 1230 kg/ha, respetivamente (DAC, 2014). Em geral, é cultivado em todo o país, mas é amplamente cultivado em Maharashtra, Karnataka, Madhya Pradesh, Uttar Pradesh, Andhra Pradesh, Odisha, Bihar, Tamil Nadu e Gujarat. Em Gujarat, o feijão-guandu é cultivado principalmente nos distritos de Bharuch, Narmada, Vadodara, Sabar-kantha, Kheda, Surat, Tapi, Valsad, Ahwa-Dang, Panchmahal, Mehsana, Ahmedabad e Banaskantha, bem como na região de Saurashtra do estado, quer como cultura de sequeiro quer de regadio, numa área de 2, 10, 000 ha com uma produção de 2, 09, 000 toneladas (Anónimo, 2014).

O feijão-frade é uma cultura versátil cultivada principalmente como legume e como cultura verde multiusos (dhal) na Índia. A semente de feijão-frade é composta por cotilédones (85%), embrião (1%) e revestimento da semente (14%) (Faris e Singh, 1990). Contém 20-22% de proteínas, 1,2% de gorduras, 65% de hidratos de carbono e 3,8% de cinzas (FAO, 1982), contém também tiamina (0,45mg), niacina (29mg)

e riboflavina (0,19mg). Tem uma melhor qualidade de fibra (7g/100g de sementes) (Kandhare, 2014). As sementes possuem diferentes minerais e vitaminas e são uma boa fonte de proteínas e hidratos de carbono de todos os monogástricos. São significativamente mais ricas em aminoácidos contendo enxofre (cisteína e mentaionina) e uma boa fonte de fibra bruta, ferro (Fe), cálcio, potássio (K), manganês e vitaminas solúveis em água, especialmente tiamina, riboflavina e niacina (Saxena *et al.*, 2010). Para além do seu valor nutricional, possui também várias propriedades medicinais devido à presença de uma série de polifenóis e flavonóides. É também muito utilizada como forragem e alimento para o gado. O subproduto das sementes partidas e murchas é utilizado como alimento para o gado e como alternativa económica às fontes de alimentação animal de custo elevado. As suas varas são utilizadas para vários fins, como o fabrico de colmo e de cestos, etc. Sendo uma planta leguminosa, o feijão-frade é capaz de fixar o azoto atmosférico com a associação de *rizóbios* e, assim, repor muito azoto no solo, até 120-170 kg de azoto por hectare durante todo o período de crescimento de 210 dias (Adu-Gyamfi *et al.*, 1997).

A literatura revelou que mais de cem agentes patogénicos são conhecidos por afetar a cultura do feijão-frade. Entre eles, a murchidão de Fusarium, o míldio de Alternaria, o míldio de Phytophthora, a mancha foliar de Alternaria, a podridão radicular de Rhizoctonia e a mancha foliar de Cercospora são os agentes patogénicos fúngicos mais comuns associados às sementes armazenadas e são os principais responsáveis pela deterioração das sementes e pela redução do potencial de germinação e também do vigor das plântulas (Christensen e Kaufmann, 1969). Os fungos associados às sementes na fase de colheita, transporte, processamento e armazenamento provocam várias alterações indesejáveis, tornando-as impróprias para consumo humano e sementeira (Patil *et al.*, 2012). Sementes saudáveis são a *condição sina qua non* para o sucesso da produção agrícola. A micoflora das sementes é um fator importante que afecta a saúde das sementes. Um agente patogénico transmitido pela semente pode causar o aborto da semente, a podridão da semente, a necrose da semente, a redução ou eliminação da capacidade de germinação, bem como danos nas plântulas. Foi encontrada uma grande variedade de fungos nas sementes de feijão-frade (Kamal e Varma, 1980). Os fungos dos géneros *Aspergillus, Fusarium, Penicillium* e *Rhizoctonia* produzem substâncias tóxicas (Singh *et al.*, 1991) que provocam a diminuição da qualidade das sementes.

Durante o armazenamento, as leguminosas sofrem muitos danos devido a bolores e insectos, e os resultados mais graves desses danos parecem ser perdas quantitativas e qualitativas. O papel dos fungos nas alterações que ocorrem durante o armazenamento é grande e as alterações mais frequentemente referidas são o aumento dos ácidos gordos e do índice de peróxidos e a diminuição da gordura total e da germinação das sementes (Doworth e Christensen, 1968). As leguminosas em grão, como o feijão bóer, são uma fonte importante de proteínas e lípidos e também de antioxidantes isoflavinóides naturais, como a daidzeína e a genistina e os seus glucósidos, que podem protegê-las contra a oxidação para consumo humano e alimentação animal (Lapcik *et al.*, 1999). A oxidação lipídica é uma das principais causas da qualidade deterioração nos alimentos naturais, a deterioração oxidativa é uma grande preocupação económica na indústria alimentar porque afecta muitas caraterísticas de qualidade, tais como os sabores, a cor, a textura e o valor nutritivo dos alimentos (Chaiyasit *et al.*, 2007).

O desenvolvimento e a duração do armazenamento das sementes variam consideravelmente, uma vez que as cultivares diferem muito em termos de maturidade. Assim, as diferenças no período de floração e de formação de vagens podem influenciar a gama e a intensidade da micoflora transportada pela semente.

As sementes são portadoras passivas de agentes patogénicos que são transmitidos quando as sementes semeadas germinam em condições ambientais adequadas. O Comité considerou que a redução progressiva da perda concomitante de viabilidade devido a esporos de fungos transmitidos por sementes.

O tratamento de sementes para o controlo de doenças das plantas tem sido designado como o "método menos doloroso" para os agricultores. Num país em vias de desenvolvimento como a Índia, é ainda mais importante, uma vez que não podemos pagar os elevados custos de pulverização e pulverização. O tratamento de sementes com aplicação de fungicidas pode minimizar a doença e, assim, aumentar o potencial genético e, em última análise, o rendimento. Os agentes biológicos, *nomeadamente Trichoderma* sp., *Bacillus* sp. e *Pseudomonas* sp., controlam uma vasta gama de fungos transmitidos pelas sementes, sem risco de produzir resistência. Uma outra fonte de potenciais novos pesticidas são os produtos naturais produzidos pelas plantas. Os extractos de plantas e os óleos essenciais mostram atividade antifúngica contra uma vasta gama de fungos (Abd-Alla *et al*., 2001).

Por conseguinte, a presente investigação foi efectuada para descobrir a micoflora associada às sementes de feijão-frade e o seu efeito na qualidade das sementes e das plântulas, bem como para avaliar a eficiência de fungicidas, bio-agentes e produtos botânicos quanto à sua eficácia contra a micoflora das sementes e a germinação das sementes de feijão-frade.

1 Objectivos:

1.1 Estudar a carga da micoflora das sementes de feijão-frade

1.1.1 Recolha de amostras de sementes nos campos dos agricultores e

N. Fazenda A. U.

1.1.2 Sintomatologia e categorização

1.1.3 Deteção e isolamento

1.1.4 Purificação de fungos que infectam sementes

1.1.5 Identificação de fungos isolados

1.1.6 Patogenicidade

1.2 Impacto da micoflora no estado sanitário das sementes

1.2.1 Impacto dos fungos que infectam as sementes no estado sanitário das sementes no que respeita à germinação e ao vigor das plântulas

1.2.2 Efeito do filtrado de cultura de fungos isolados na germinação de sementes e no crescimento de plântulas

1.2.3 Efeito dos fungos que infectam as sementes na qualidade das mesmas

1.3 Gestão da micoflora das sementes através do tratamento de sementes

1.3.1 Gestão de fungos que infectam sementes através de bio-agentes e fito-extractos *in vitro*

1.3.2 Gestão de fungos que infectam as sementes através do tratamento de sementes com fungicidas *in vitro*

II. REVISÃO DA LITERATURA

Os fitopatógenos fúngicos são uma das principais restrições à produção agrícola quantitativa e qualitativa. As sementes são os vectores eficientes para a sobrevivência, a propagação em grande escala e a longa distância dos agentes patogénicos. As sementes infectadas (ou) contaminadas servem como fonte principal de inóculo para um grande número de fitopatógenos que podem infetar as sementes e sobreviver como esporos/estruturas de repouso nas/entre as sementes (Neergaard, 1977). A cultura do feijão-frade é muito afetada por vários fungos que a infectam. Foi relatado que vários fungos infectam a cultura, causando efeitos adversos na qualidade e na saúde das sementes. A literatura disponível sobre os aspectos relacionados com o presente inquérito é analisada a seguir.

2.1 Associação dos fungos transmitidos por sementes

Arya e Methew (1991) isolaram catorze espécies de fungos de sementes de feijão-frade*: Mucor* sp., *Rhizopus nigricans, Aspergillus niger, A. fumigatus, Chaetomium* sp., *Alternaria alternata, Drechslera* sp., *Fusarium* sp., *F. pallidoroseum, Aspergillus sp., Macrophomina phaseolina, Aspergillus* sp., *Phoma* sp. e *Cladosporium* sp.

Lokesh e Hiremath (1992) relataram nove fungos de sementes de grama vermelha*: Alternaria alternata, Aspergillus flavus, A. niger, Cladosporium* sp., *Curvularia lunata, Drechslera* sp., *Fusarium moniliforme, Trichoderma roseum* e *Rhizopus* sp.

Chakravarty *et al.* (2002) registaram 21 espécies de fungos pertencentes a 14 géneros associados a sementes de feijão-frade, *nomeadamente Aspergillus, Cladosporium, Fusarium, Macrophomina, Penicillium, Phoma, Rhizopus* e *Trichothecium,* em que *Fusarium oxysporum* e *F. udum* estavam presentes em maior proporção do que os outros fungos.

Kumar *et al.* (2003) isolaram 17 espécies de fungos de 10 géneros de sementes de feijão-frade. Os fungos normalmente associados a sementes danificadas por insectos foram *Alternaria alternata, A. tenuissima, Aspergillus flavus, A.niger, Fusarium oxysporum* e *Rhizopus nigricans.*

Reddy *et al.* (2006) verificaram a associação de *Alternaria* spp., *Aspergillus flavus, A. niger, Helminthosporium* spp. e *Fusarium* spp. com sementes de feijão-frade.

Pandey *et al.* (2007) referiram que dezassete espécies de fungos estavam associadas às amostras de sementes. Destas, *Aspergillus flavus* e *A. niger* foram predominantes e causaram uma forte deterioração das sementes frescas de feijão-frade.

Mallesh *et al.* (2008) observaram diferentes micoflora em sementes de feijão-frade, *nomeadamente Alternaria alternata, Aspergillus* sp., *Cladosporium* sp., *Curvularia lunata, Fusarium moniliforme, Trichoderma roseum* e *Rhizopus* sp.

Jalander e Gachande (2011) isolaram dezoito fungos de sementes de feijão-frade, *nomeadamente Aspergillus flavus, A. niger, A. niduans, A. fumigatus, A. orizae, Penicillium citrinum, Fusarium oxysporum, Alternaria solani, A. alternata, Drechslera tetramera, Curvularia lunata, Rhizopus stolonifer, Chaetomium* sp, *Mucor* sp. e *Mycelia sterilia.*

Patil *et al.* (2012) encontraram dezasseis espécies de fungos pertencentes a géneros, nomeadamente *Alternaria alternata, Aspergillus flavus, A. niger, Chaetomium globosum, Cladosporium herbarum, Curvularia lunata, Fusarium oxysporum, F. moniliforme, F. roseum, Pythium* sp, *Rhizoctonia solani, Rhizopus stolonifer, Botrytis cineria, Macrophomina phaseolina, Penicillium notatum* e *Phytophthora cinnamomi* foram associados a sementes de feijão-frade.

Ghangaokar e Kshirsagar (2013) estudaram fungos transmitidos por sementes de diferentes culturas de leguminosas, *ou seja, Pisum sativum, Phaseolus vulgaris, Lens culinaris, Cajanus cajan* e *Cicer arietinum* e observaram que *Alternaria alternata, Chaetomium* spp, *Penicillium citrinum, Aspergillus niger, A. fumigatus, A. flavus, Rhizopus nigricans, Fusarium oxysporum, F. moniliforme, F. solani, Chaetomium* sp., *Curvularia lunata, Macrophomina* sp., *Monilia* sp., *Penicillium* sp., *Rhizoctonia* sp. e *Trichoderma* causaram infecções nas sementes.

Kandhare (2014) comunicou um total de dezassete fungos de diferentes categorias de sementes de feijão-frade*: Alternaria alternata, A. tenis, Aspergillus flavus, A. carbonarius, A. fumigatus, A. nidulans, A. niger, Chaetomium globosum, Cladosporium* spp, *Colletotrichum truncatum, Curvularia lunata, Drechslera tetramera, Fusarium moniliforme, F. oxysporum, Macrophomina phaseolina, Penicillium* spp. e *Rhizopus stolonifer.*

Sengottuvel *et al.* (2014) registaram a presença de *Aspergillus flavus, A. niger, A. fumigatus, Fusarium* sp., *Helminthosporium* sp., *Curvularia* sp., *Mucor* sp., *Penicillium* sp., *Rhizopus* sp. e *Trichoderma* sp. em sementes de grama vermelha.

2.2 Sintomas produzidos por fungos que infectam as sementes

Kumar e Singh (2004) observaram que o inóculo transmitido pela semente durante a germinação causava o escurecimento da radícula e da zona de transição raiz-raiz, seguido de estrias castanhas a pretas no hipocótilo causadas por *Aspergillus flavus* em sementes de feijão-frade.

Singh *et al.* (201 1) categorizaram as amostras de sementes de feijão-de-gato em três categorias com base em anomalias visíveis, tais como sementes de aspeto saudável, sementes descoloridas e sementes de tamanho inferior ao normal, que mostraram uma incidência elevada de micoflora diferente das outras categorias.

Kandhare (2014) categorizou as sementes de feijão-frade como arrojadas, enrugadas e descoloridas e encontrou uma incidência máxima de micoflora de sementes em sementes descoloridas. Os fungos predominantes nas sementes foram *Aspergillus flavus* (80%), *Drechslera tetramera* (70%), *Aspergillus nidulans* (66%), *A. niger* (63%) e *Curvularia lunata* (59%).

Elwakil e El-Metwally (2001) registaram o amortecimento pré e pós-emergência e plântulas atrofiadas no amendoim. O amortecimento pré-emergência foi observado como sementes apodrecidas cobertas por micélio e esporos dos agentes patogénicos testados. Enquanto que a infeção por damping-off pós-emergência mostrou lesões nos caules inferiores perto da superfície do solo e raízes em forma de fio.

Sud *et al.* (2005) registaram que a descoloração da região do hipocótilo, a necrose no cotilédone e no caule, a podridão radicular, a podridão das sementes e das plântulas e as manchas claras nos hipocótilos eram causadas por *Alternaria, Aspergillus, Cladosporium, Colletotrichum, Fusarium, Penicillium, Rhizoctonia, Stemphylium, Trichoderma* e *Rhizopus* no feijão-miúdo.

Zaidi (2012) registou a podridão das plântulas, o crescimento atrofiado, o amarelecimento e o enrolamento das folhas, a mancha circular negra, as plântulas fracas e a podridão das plântulas causada pelos géneros de fungos *Pythium, Alternaria, Drechslera, Fusarium* e *Aspergillus* em sementes de feijão-frade.

Ashwini e Giri (2014) relataram o apodrecimento das sementes e o míldio das plântulas infectadas com *Macrophomina phaseolina, Fusarium moniliforme, F. oxysporum, F. semitectum, Aspergillus flavus* e *Colletotrichum globosum* a partir de sementes de grama verde.

2.3 Impacto dos fungos que infectam as sementes na germinação das sementes, crescimento das plântulas e qualidade das sementes

Chaudhary e Prasad (1974) registaram uma depleção rápida de glucose, sacarose e frutose em dez variedades de feijão bóer infectadas com *Fusarium oxysporum.*

Lokesh e Hiremath (1992) registaram a redução da percentagem de germinação e do vigor das plântulas causada por diferentes micoflora *viz; Alternaria alternata, Aspergillus flavus, A. niger, Cladosporium* sp., *Curvularia lunata* e *Drechslera* sp. em sementes de grama-vermelha.

Chakraborty e Sen Gupta (2001) estudaram as alterações bioquímicas nas plântulas em comparação com as inoculadas com o agente patogénico da murchidão, *Fusarium udum.* Nas plântulas não inoculadas com o patógeno, a atividade da poligalacturonase foi muito menor, enquanto a atividade da peroxidase foi significativamente maior do que nas inoculadas com *Fusarium udum*. O teor de proteínas totais também foi significativamente mais elevado nas plântulas não inoculadas com o agente patogénico, bem como nas plântulas não inoculadas (tanto susceptíveis como resistentes). O teor de fenol das plântulas não inoculadas com o agente patogénico, tanto das susceptíveis como das resistentes, foi significativamente mais elevado do que o das inoculadas *com F. udum* no feijão-frade.

Kumar e Singh (2004) observaram uma percentagem mínima de germinação de sementes (12%) em feijão-frade inoculado com filtrado cultural de *Aspergillus flavus*.

Mallesh *et al.* (2008) registaram uma redução da germinação e do vigor das sementes de feijão-frade devido a fungos transmitidos pelas sementes até seis meses de armazenamento.

Gopinath *et al.* (201 1) verificaram que os bolores de armazenamento pertencentes à espécie *Aspergillus* infetavam as sementes de feijão-frade armazenadas. Registaram que a gordura total (1,94-1,75 g), os triglicéridos (1,46-1,07 g), o teor de ácidos gordos dos ácidos palmítico (26,03-23,56%), esteárico (7,4-5,46%), linoleico (56,2-45,2%) e linolénico (6,9-4,7%) se esgotaram durante o armazenamento. Além disso, os fosfolípidos (0,06-0,21 g), os ácidos gordos livres (0,002-0,01 g) e os valores de peróxidos (2,14-4,46 g) aumentaram durante a armazenagem.

Syed *et al.* (201 1) registaram uma diminuição do teor proteico das sementes armazenadas de feijão-frade, grama-verde e grão-de-bico com o aumento do período de armazenamento devido a fungos de armazenamento associados às sementes.

Basha e Pancholy (1986) registaram uma diminuição do teor de óleo, índice de iodo, hidratos de carbono solúveis e proteínas em sementes de amendoim infectadas com *Aspergillus* spp.

Amadi e Oso (1996) registaram uma germinação mínima (17,5%) devido a *Cercospora cruenta* e uma percentagem de nutrientes esgotada devido a *Cercospora cassiicola* em comparação com sementes de feijão-frade saudáveis.

Oluma e Nwankiti (2003) observaram a diminuição da viabilidade das sementes após dois anos devido a *Aspergillus* spp. em sementes de amendoim armazenadas.

Rathour e Paul (2004) testaram dezassete fungos transmitidos por sementes quanto ao seu efeito na saúde das plântulas de ervilha. Entre eles, *Penicillium medicaginis* var *pinodella, Sclerotinia sclerotiorum, Ascochyta pinodes, A. pisi* e *Fusarium oxysporum* foram considerados altamente patogénicos, causando a descoloração máxima da raiz.

Singh *et al.* (2004) observaram a redução da germinação das sementes e do vigor das plântulas devido a seis géneros de fungos. Entre eles, *Rhizoctonia bataticola* registou a germinação mais baixa (68%) e o comprimento da plúmula (2 cm) e *Aspergillus niger* registou o comprimento mínimo da plúmula (0,4 cm) em sementes de amendoim.

Sud *et al.* (2005) registaram uma redução da percentagem de germinação devido a dezasseis espécies de fungos em sementes de feijão-miúdo.

Khayum *et al.* (2006) relataram que *o Fusarium* sp. reduziu 62% da germinação, 8,85 cm de broto e 2,9 cm de comprimento de raiz na soja.

Embaby e Abdel-Galil (2006) estudaram a produção de micotoxinas e a redução da qualidade das sementes. *Aspergillus flavus* produziu aflatoxina e diminuiu a percentagem de proteínas, hidratos de carbono, gordura, fibra e teor de cinzas em comparação com as sementes de leguminosas saudáveis em todas as culturas testadas (feijão, feijão-frade e tremoço).

Jalander e Gachande (2012) relataram que o filtrado cultural de espécies de *Aspergillus* causou a redução da germinação de sementes e o alongamento da raiz e do rebento em algumas leguminosas, nomeadamente grama, grama verde, grama preta e soja.

Zaidi (2012) registou uma redução da germinação das sementes (10%) devido a *Pythium debaryanum*, do comprimento das plântulas (10 cm) devido a *Aspergillus flavus* e do comprimento das raízes (5 cm) devido a *Alternaria dianthi* em sementes de feijão-frade.

2.4 Gestão

Kannaiyan *et al.* (1980) registaram que o tratamento de sementes com benlato @ 3 g/Kg de sementes proporcionou um controlo completo de *Aspergillus flavus, A. niger, Fusarium* spp. e *Rhizoctonia bataticola* sem efeitos adversos na germinação de sementes de feijão-frade.

Reddy *et al.* (2006) referiram que o tratamento de sementes com emisan e mancozeb @ 2 g/Kg de sementes foi considerado o fungicida mais eficaz na eliminação de agentes patogénicos transmitidos por sementes de feijão-frade.

Pandey *et al.* (2007) verificaram que o óleo de cominho *(Cuminum cyminum)* protegia as sementes de feijão-frade contra *Aspergillus flavus* e *Aspergillus niger* durante seis meses de armazenamento.

Mallesh *et al.* (2008) avaliaram diferentes compostos antifúngicos (pó de sementes de nim, óleo de pongamina, *Trichoderma viride, T. harzianum,* carbendazim, mancozeb) quanto à sua eficácia contra fungos de armazenamento do feijão-frade e ao efeito sobre a germinabilidade e o vigor das sementes. Entre eles, o carbendazim @ 1 g/Kg de sementes (87,0% & 1630), o pó de sementes de Neem @ 5 g/Kg de sementes (81,3% & 1530) e *Trichoderma* spp. @ 4 g/Kg de sementes (83,2% & 1295) foram considerados eficazes e deram maior germinação de sementes e índice de vigor de plântulas com mortalidade mínima de plântulas.

Ram e Pandey (201 1) verificaram uma incidência significativamente mínima de murcha de Fusarium do feijão-frade (13,81%) no tratamento combinado de sementes com metiram (0,1%) + *Trichoderma viride*.

Singh *et al.* (201 1) avaliaram onze fungicidas contra a micoflora de sementes armazenadas, dos quais o bavistin-50WP foi o mais eficaz na germinação de sementes (88,14% em laboratório e 86,21% em vaso) e no índice de vigor das plântulas (7671,44 em laboratório e 7333,46 em vaso) em feijão-frade.

Balai e Singh (2013) testaram seis fungicidas, dois bioagentes e a sua combinação em condições de vaso como tratamento de sementes contra agentes patogénicos transmitidos por sementes de feijão-frade. Entre os vinte e cinco tratamentos, a combinação de mancozebe com *Trichoderma viride* foi considerada a mais eficaz na redução da intensidade da doença (6,15%) e no controlo da doença (71,08%).

Pandey *et al.* (2013) observaram que os óleos de *Clausena pentaphylla* e citrus limon foram mais eficazes contra todos os fungos testados, que exibiram 100% de inibição micelial. A concentração inibitória mínima do óleo *de C. pentaphylla* foi determinada como 0,07 µL mL^{-} 1 contra todos os fungos testados e foi considerada mais tóxica do que o óleo de Citrus limon em sementes de feijão-frade.

Raj *et al.* (2002) relataram que o tratamento de sementes com thiram @ 2 g/Kg de sementes melhorou significativamente a germinação e a emergência no campo e reduziu a micoflora de sementes de *Aspergillus flavus, A. niger* e *Alternaria alternata* em sementes de soja.

Murthy *et al.* (2003) observaram que o tratamento de sementes com suspensão conidial de *Trichoderma harzianum* @ 8 X 10^8 cfu/ml proporcionou uma redução significativa da micoflora transmitida pelas sementes até 90 por cento com 84 por cento de germinação em leguminosas.

Begum *et al.* (2004) revelaram que Vitavax @ 1 g/Kg de sementes de ervilha foi superior na germinação (95,33%) e reduziu a infeção em comparação com outros tratamentos.

Rathour e Paul (2004) registaram que o tratamento de sementes com carbendazim @ 0,25% e flusilazole @ 0,1% foi considerado altamente eficaz na eliminação de fungos transmitidos por sementes. Três pulverizações pré-colheita de mancozeb @ 0,2%, carbendazim @ 0,05% em intervalos de 10 dias, começando no estágio de iniciação da vagem, provaram ser as melhores para melhorar a germinação das sementes, o vigor das mudas e a diminuição de mudas anormais e da incidência de fungos transmitidos por sementes em sementes de ervilha.

Singh *et al.* (2004) observaram que o revestimento de sementes com Vitavax @ 0,1% e thiram @ 0,25% registou 87,00% e 84,00% de germinação de sementes, respetivamente, e provou ser altamente eficaz contra a micoflora de sementes de amendoim, resultando no aumento da germinação e do vigor das plântulas e na redução da mortalidade pré e pós-emergência.

Barua *et al.* (2007) referiram que as sementes tratadas com Vitavax- 200 @ 2,5 g/Kg de sementes apresentavam o maior controlo da micoflora das sementes de feijão-mungo.

Purushothaman (2007) relatou que o revestimento de sementes com captan @ 3 g/Kg proporcionou a maior germinação de sementes (93,92%) e a menor incidência de micoflora de sementes (1,08%), seguido por carbendazim @ 2 g/Kg de sementes e thiram @ 3 g/Kg de sementes contra *Colletotrichum lindemuthianum, Macrophomina phaseolina, Fusarium* sp., *Curvularia* sp., *Mucor* sp., *Rhizopus* sp. e *Fusarium* sp. em sementes de feijão-caupi.

Begum *et al.* (2010) registaram que a biopreparação com *Pseudomonas aeruginosa* foi o tratamento mais eficaz para controlar o amortecimento pré e pós-emergência da soja, com uma redução da incidência da doença de 48,6 a 51,9 por cento e de 65,0 a 97,2 por cento, respetivamente. Além disso, *a P. aeruginosa* resultou no aumento da germinação de sementes e de mudas saudáveis, variando de 32,4 a 60,0 por cento e de 56,0 a 73,9 por cento, respetivamente.

Banyal e Ashlesha (201 1) relataram que o tratamento de sementes com vitavax power @ 2,5 g/Kg de semente resultou em germinação máxima de sementes (89,30%) com infeção mínima de antracnose em feijão-caupi (18,50%). Também relataram que, entre os bio-agentes testados, *Trichoderma harzianum* (JMA-4) induziu a germinação máxima de sementes (73,70%) com 57,10% de controlo da doença.

Singh *et al.* (201 1) observaram que as sementes tratadas com Cabria top (piraclostrobina 5% + metiram 55%) a 2 g/Kg de sementes registaram 76,6% de germinação e 61,1% de controlo da doença contra a podridão cinzenta do grão-de-bico.

Kamdi *et al.* (2012) avaliaram dois antagonistas, dois fungicidas e dois extractos botânicos contra *Fusarium oxysporum* f. sp. *ciceri* que causa a murchidão do grão-de-bico. Eles descobriram que o tratamento de sementes com carbendazim @ 2 g/Kg de semente deu incidência mínima de murcha (26,38%) e rendimento máximo (13,47 q/ha) seguido por *T. viride* + carbendazim, *T.*

viride + thiram e *Trichoderma viride* sozinho. O bio-agente *Bacillus subtilis* e os extractos aquosos de plantas de *Azadirachta indica* e de sementes de *Lantana camara* também reduziram significativamente a incidência da murchidão e deram um rendimento mais elevado em comparação com o controlo.

Mogle e Maske (2012) avaliaram o efeito de diferentes extractos de folhas isoladamente e em combinação com *Trichoderma* e fungicidas na micoflora das sementes. Verificaram que as sementes tratadas com bioagentes apresentaram efeitos benéficos na germinação, o que resultou num aumento do comprimento da raiz e do vigor das plântulas. A germinação de sementes e o índice de vigor foram máximos no tratamento de sementes de *Solanum alba* + *Trichoderma viride* (95,00% e 4968) e o Dithan M-45 registou uma germinação de sementes mais elevada (90,00%), comprimento do rebento (19,2 cm), comprimento da raiz (21,1 cm) e índice de vigor (3627) em sementes de feijão-frade.

Saroja (2012) observou que a inibição de micélio de *Alternaria alternata* por captan e thiram @ 2000 ppm seguida por carbendazim @ 2500 ppm em sementes de grão-de-bico.

Singh e Singh (2012) relataram que as sementes tratadas com Ridomil (metalaxil 8% + mancozeb 64%) @ 2 g/Kg de sementes deram maior germinação de sementes (88,77%), altura da planta (56,78 cm) e 23,63% de diminuição na gravidade da doença na mancha foliar zonada do sorgo.

Mayilsamy (2013) relatou que sementes tratadas com Dithane M-45 @ 2% foram completamente eliminadas de *Aspergillus flavus, A. niger, Fusarium* sp., *Mucor* sp., *Penicillium* sp., *Rhizopus* sp. e *Rhizoctonia* sp. em greengram.

Ashwini e Giri (2014) registaram que o tratamento de sementes com thiram + carbendazim (2:1) @ 3 g/Kg estava a aumentar a germinação de sementes (85,00%), o comprimento do rebento (1 1,17 cm), o comprimento da raiz (9,27 cm) e o índice de vigor das plântulas (1734) em sementes de greengram.

Singh *et al.* (2014) observaram que as sementes tratadas com Ridomil MZ (metalaxil 8% + mancozeb 64%) a 0,1% e Saaf (carbendazim 12% + mancozeb 63%) a 0,2% deram a menor incidência de doenças (8,56% e 9,55%) e maior controlo de doenças (78,03% e 75,49%) contra a podridão radicular na cultura da ervilha.

III. MATERIAIS E MÉTODOS

A presente investigação sobre estudos da micoflora de sementes de feijão-frade [***Cajanus cajan* (L.) Millsp.**] foi realizada no Departamento de Fitopatologia, N. M. College of Agriculture, Navsari Agricultural University, Navsari, em 2014-2015. Os pormenores dos materiais e métodos utilizados neste estudo são descritos a seguir.

111.1 procedimento laboratorial

111.1.1 Limpeza de objectos de vidro

As peças de vidro utilizadas foram mantidas durante 24 horas na solução de limpeza contendo 60 g de dicromato de potássio (K2Cr2O7) e 60 ml de ácido sulfúrico num litro de água, e foram lavadas com detergente em pó seguido de água da torneira. Por fim, os objectos de vidro foram lavados com água destilada e secos antes de serem utilizados.

111.1.2 Esterilização de objectos de vidro, meios de cultura, papel mata-borrão , água e solo

Os objectos de vidro foram esterilizados num forno de ar quente a 180^0 C durante duas horas. Os meios sólidos e líquidos, bem como o papel mata-borrão e a água, foram esterilizados em autoclave a uma pressão de 1,1 kg/cm^2 correspondente a uma temperatura de 121^0 C durante 20 minutos. Os papéis mata-borrão cortados de acordo com o diâmetro interno das placas de Petri foram colocados numa caixa galvanizada antes da esterilização.

111.1.3 Preparação do meio de cultura

A composição do ágar dextrose de batata (PDA)

Batata descascada200 gm

Dextrose20 gm

Ágar-ágar20 gm

Água destilada 1000 ml (para fazer o volume)

Duzentos gramas de batatas limpas e descascadas foram cortadas em pedaços pequenos. Estes pedaços foram fervidos em água destilada e o extrato foi recolhido por filtração através de um pano de musselina. Dissolveram-se 20 g de dextrose e 20 g de ágar-ágar no extrato de batata e o volume final foi aumentado para 1000 ml através da adição de água destilada. Distribuiu-se uma quantidade conhecida deste meio em vários frascos cónicos, que foram tapados com algodão não absorvente e finalmente embrulhados em papel castanho. Os frascos contendo o meio dispensado foram esterilizados numa autoclave a 1,1 kg/cm^2 pressão correspondente a uma temperatura de 121^0 C durante 20 minutos.

111.1.4 Colocação do meio

Deitaram-se assepticamente cerca de 20 ml de PDA morno em cada uma das placas de Petri (1 10 e 90 mm de diâmetro). As placas de Petri foram rodadas e inclinadas para espalhar uniformemente o meio e deixadas a solidificar. Utilizou-se uma cabina de fluxo de ar Leminar para garantir condições assépticas.

111.2 Recolha de amostras de sementes, sintomatologia, isolamento e caraterização de fungos que infectam as sementes

111.2.1 Recolha de amostras de sementes

As sementes de feijão-frade foram colhidas nos campos dos agricultores de duas aldeias de 5 talukas do distrito de Navsari e na quinta N. A. U.. Todas as sementes colhidas, independentemente da variedade e do local de colheita, foram cuidadosamente misturadas de modo a obter uma amostra composta de sementes.

Quadro 1: Recolha de amostras de sementes de feijão-frade

Distrito	Aldeia	Variedades
Navsari	Navsari	Local
	Gandevi	Local
	Jalalpore	Local
	Chikhli	Local
	Vasanda	Local
Navsari	N. Fazenda A. U.	Vaishali, GT-1, GT-101, GT-102, GT- 103 e AVPP-1

111.2.2 Sintomatologia induzida por fungos que infectam as sementes

O exame visual e microscópico das amostras de sementes infectadas foi efectuado para estudar as sementes anormais e descoloradas e os corpos fúngicos presentes nas mesmas.

Os sintomas de descoloração e de anomalia das sementes foram descritos com base em observações visuais das sementes infectadas. Para o efeito, após a recolha de sementes de feijão-frade nos campos dos agricultores e na exploração N. A. U., as sementes foram classificadas em diferentes grupos com base na descoloração das sementes e na anomalia dos grãos, através de uma lente de aumento manual sob luz artificial. Em seguida, os sintomas observados nos grãos foram descritos em conformidade.

111.3 Isolamento, purificação, identificação e manutenção da cultura de fungos

111.3.1 Isolamento

O isolamento dos fungos associados às sementes de feijão-frade foi efectuado a partir de 100 sementes colhidas aleatoriamente da amostra composta de sementes, segundo o método do mata-borrão e o método da placa PDA (Bhale *et al*,

2001) . Dez sementes por placa de Petri, depois de esterilizadas à superfície com solução de hipoclorito de sódio a 1% durante um minuto e não esterilizadas à superfície, foram colocadas a igual distância em três camadas de

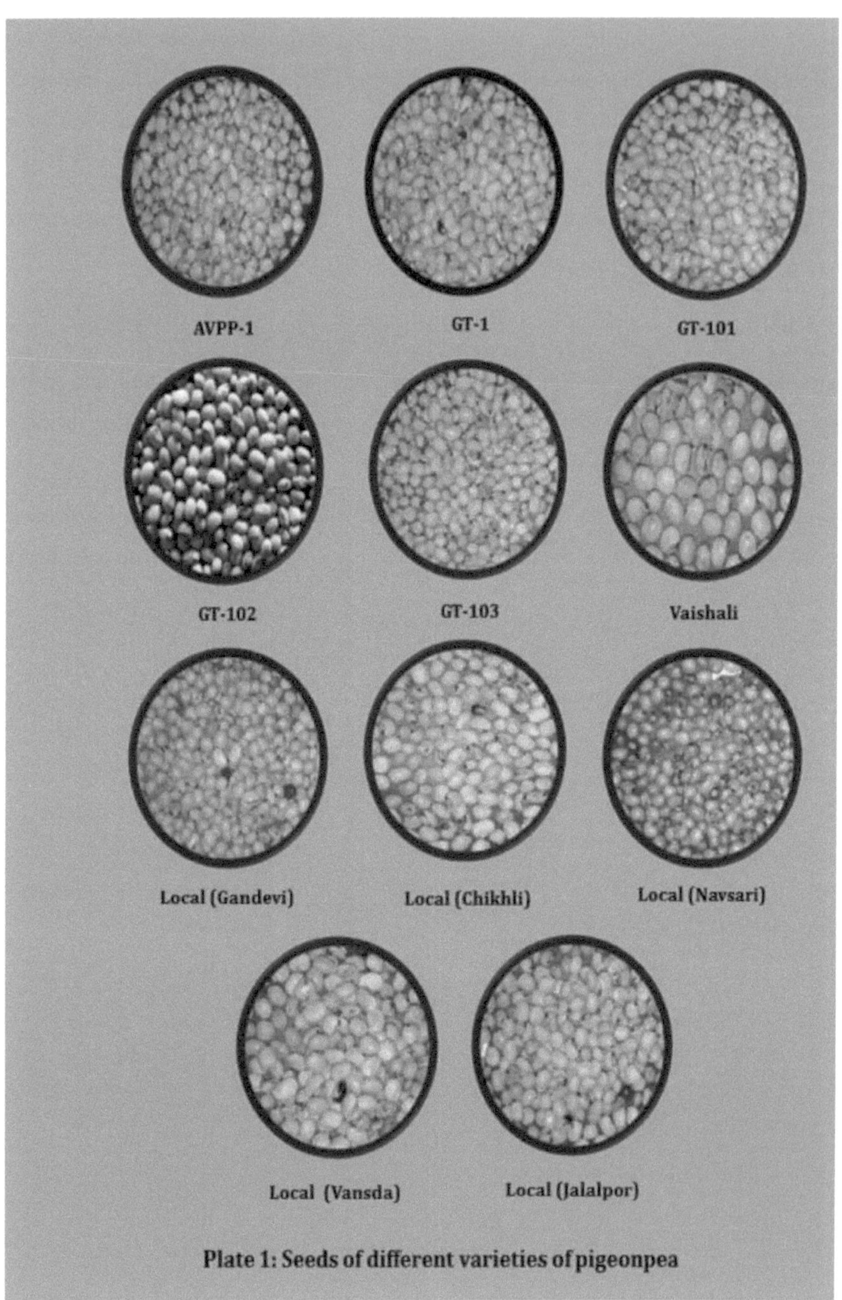

Plate 1: Seeds of different varieties of pigeonpea

As placas de Petri foram incubadas durante 12/12 horas alternando períodos de luz e escuridão a 25 ± 2^0 C. O desenvolvimento do crescimento fúngico em cada uma das sementes após sete dias foi observado regularmente, identificado por observação microscópica e registado em conformidade.

111.3.2 Purificação

O crescimento fúngico dos diferentes fungos obtidos nas sementes foi transferido para placas de Petri com PDA. Cada espécie fúngica isolada foi posteriormente purificada pelo método da ponta de hifa. As várias culturas obtidas foram mantidas em placas de PDA para estudo posterior.

111.3.3 Identificação e manutenção das culturas fúngicas

Vários fungos que infectam sementes e se desenvolvem em sementes de feijão-frade foram cultivados separadamente em placas de Petri com PDA. Cada crescimento fúngico foi observado criticamente ao microscópio para determinar os caracteres culturais e morfológicos. Finalmente, as caraterísticas dos fungos observadas foram comparadas com as caraterísticas descritas em vários manuais. As mesmas culturas puras foram enviadas para a Indian Type Culture Collection (I. T. C. C.), Division of Mycology and Plant Pathology, Indian Agricultural Research Institute (I. A. R. I.), Nova Deli, para identificação e confirmação do fungo isolado. As culturas foram mantidas em placas de PDA por subcultura e armazenadas a 5^0 C para estudos posteriores.

111.4 Teste de patogenicidade

Para comprovar os postulados de Koch, os agentes patogénicos isolados das sementes foram testados em laboratório e em condições de estufa, adoptando métodos padrão de teste de patogenicidade.

111.4.1 Teste de patogenicidade *in vitro*

O teste de patogenicidade foi efectuado para *Alternaria alternata, Fusarium oxysporum* , *Fusarium moniliforme, Fusarium udum, Drechslera* sp., *Curvularia lunata, Rhizoctonia* sp., *Aspergillus niger* e *Aspergillus flavus.* Foram utilizadas sementes aparentemente saudáveis da variedade Vaishali para testar a patogenicidade dos diferentes isolados.

Para provar o teste de patogenicidade de vários agentes patogénicos isolados, sementes saudáveis da variedade Vaishali foram esterilizadas à superfície durante 2 minutos com uma solução de hipoclorito de sódio a 1%, seguida de três lavagens subsequentes em água destilada esterilizada para remover o hipoclorito de sódio das sementes. Estas sementes foram então embebidas durante 24 horas em água destilada esterilizada e foram inoculadas por rolamento em cultura de esporulação ativa com 10 dias de idade de cada fungo testado.

Uma folha de papel de germinação foi humedecida com água destilada esterilizada. Vinte e cinco sementes do respetivo tratamento foram colocadas uniformemente na primeira folha. A segunda folha de papel de germinação foi colocada sobre a primeira folha, molhando-a cuidadosamente. Ambas as folhas foram enroladas juntamente com papel revestido de cera. Os papéis enrolados foram incubados a 25^0 C durante 7 dias. No final do período de incubação, os papéis toalha enrolados foram cuidadosamente abertos. Foram contadas as sementes germinadas e não germinadas de cada um dos tratamentos. O aparecimento de plântulas a partir das sementes foi considerado como uma germinação bem sucedida. Foram mantidas quatro repetições de 25 sementes para cada um dos tratamentos.

111.4.2 Teste de patogenicidade *in vivo*

Para confirmar a natureza patogénica de *Alternaria alternata*, *Fusarium oxysporum*, *Fusarium moniliforme*, *Fusarium udum*, *Drechslera* sp., *Curvularia lunata*, *Rhizoctonia* sp., *Aspergillus niger* e *Aspergillus flavus*, os testes de patogenicidade também foram realizados em estufa. Os vasos de barro foram cuidadosamente lavados com água destilada esterilizada, desinfectados com uma solução de formaldeído a 4 por cento e secos ao sol durante sete dias. Depois, estes vasos foram enchidos com solo duplamente esterilizado.

Sementes aparentemente saudáveis de feijão bóer cv. Vaishali foram esterilizadas à superfície com uma solução de hipoclorito de sódio a 1% durante 2 minutos, seguida de três lavagens subsequentes em água destilada esterilizada para remover o hipoclorito de sódio das sementes. Estas sementes foram então embebidas durante 24 horas em água esterilizada. Foram inoculadas por enrolamento numa cultura de esporulação ativa com 10 dias de idade de cada fungo testado. Depois as sementes inoculadas com cada cultura foram colocadas em equidistância a 4-5 cm de profundidade em cada vaso. Os vasos foram regados como e quando necessário na estufa, adoptando técnicas padrão de teste de patogenicidade.

As observações sobre a germinação foram registadas 8 dias após a sementeira e a mortalidade das plântulas aos 15th dias após a sementeira. A mortalidade pré-emergência e pós-emergência foi calculada pela seguinte fórmula:

1. Mortalidade pré-emergência (8 DAS)

$$\text{Pre-emergence mortality (\%)} = \frac{\text{Total No. of ungerminated seeds}}{\text{Total No. of sown seeds}} \times 100$$

2. Mortalidade pós-emergência (15 DAS)

$$\text{Post-emergence mortality (\%)} = \frac{\text{Total no. of died seedling}}{\text{Total no. of germinated}} \times 100$$

111.5 Impacto dos fungos que infectam as sementes no estado de saúde das sementes no que respeita à perda de germinação e ao vigor das sementes

O impacto dos fungos que infectam as sementes no estado de saúde das sementes foi estudado no que diz respeito à germinabilidade e ao vigor das sementes inoculadas artificialmente com fungos isolados de sementes de feijão-frade naturalmente infectadas.

A germinação das sementes foi efectuada pelo método do papel toalha (Khare, 1996). O índice de vigor das plântulas foi determinado com base na germinação das sementes, bem como no comprimento dos rebentos e das raízes das plântulas. O índice de vigor foi calculado utilizando a seguinte fórmula (Mallesh *et al.,* 2008):

Índice de vigor =Germinação (%) X Comprimento médio das plântulas (cm)

(VI)

Sementes saudáveis de feijão-frade cv. Vaishali foram artificialmente inoculadas com cada uma das nove espécies de fungos separadamente. Para a inoculação artificial, as sementes humedecidas com água destilada esterilizada foram misturadas cuidadosamente com as respectivas culturas fúngicas com 10 dias de idade, obtidas a 25 ± 2^0 C em placas de PDA.

3.5. 1Espécies de fungos utilizadas para a inoculação artificial das sementes de

Uma folha de papel de germinação foi humedecida com água destilada esterilizada. Vinte e cinco sementes do respetivo tratamento foram colocadas uniformemente na primeira folha. A segunda folha de papel de germinação foi colocada sobre a primeira folha, molhando-a cuidadosamente. Ambas as folhas foram enroladas juntamente com papel revestido de cera. Os papéis enrolados foram incubados num germinador de sementes a 25^0 C durante 7 dias. No final do período de incubação, os papéis toalha enrolados foram cuidadosamente abertos. Foram contadas as sementes germinadas e não germinadas de cada um dos tratamentos. O aparecimento de plântulas a partir das sementes foi considerado como uma germinação bem sucedida. Foram mantidas três réplicas de 25 sementes para cada um dos tratamentos. Após o fim do período de incubação, estas sementes foram utilizadas para o estudo da germinação das sementes e do índice de vigor das plântulas. As sementes não inoculadas serviram como tratamento de controlo para comparação.

3.6 Efeito dos filtrados de cultura dos fungos que infectam as sementes na germinação das sementes e no crescimento das plântulas

Nove fungos mencionados no ponto 3.4.1 foram cultivados separadamente em meio líquido de Richards modificado a 25 ± 2^0 C durante 10 dias. O meio líquido, juntamente com o crescimento fúngico de cada fungo, foi filtrado através do filtro Watman n.º 42. Os filtrados resultantes foram utilizados para avaliar o seu efeito na germinação das sementes e no crescimento das plântulas.

3.6.1 Ingredientes do meio líquido de Richard modificado

Sulfato de potássio10	gm
Sacarose50	gm
Di-hidrogenofosfato de potássio5	,0 gm
Cloreto férrico0	,02 gm
Sulfato de magnésio2	,5 gm
Água destilada1000	ml

Sementes saudáveis de feijão bóer cv. Vaishali foram tratadas por imersão das sementes durante 8 horas em filtrado de cultura do respetivo fungo obtido da cultura fúngica com 15 dias de idade cultivada em meio líquido de Richard modificado a 25 ± 2^0 C. Em seguida, a influência do filtrado de cultura do respetivo fungo foi avaliada pelo método do papel toalha (Khare, 1996). As sementes embebidas em água destilada esterilizada serviram como tratamento de controlo. Foram testadas setenta e cinco sementes tratadas em cada um dos tratamentos com três repetições. Foram avaliados os filtrados de cultura de nove fungos enumerados no ponto 3.4.1.

Foram registadas as observações sobre a germinação das sementes, a descoloração dos radicais e das plúmulas, se houver, e o comprimento das plântulas após 10 dias de incubação à temperatura ambiente. O aparecimento de plântulas a partir das sementes foi considerado como uma germinação bem sucedida das sementes.

3.7 Efeito dos fungos que infectam as sementes na qualidade das mesmas

O efeito dos fungos que infectam as sementes na qualidade das sementes, como a proteína, o açúcar solúvel total e o teor de lípidos, foi determinado de acordo com métodos padrão.

3.7.1 Teor de proteínas (%)

O conteúdo total de proteína das sementes de cada categoria foi determinado para descobrir o efeito dos fungos transmitidos pelas sementes no conteúdo de proteína. O valor total de nitrogênio determinado pelo método padrão de Kjeldahl (Jones, 1991) foi multiplicado por 6,25 para obter o conteúdo total de proteína da amostra de sementes.

3.7.2 Açúcar solúvel total

Os açúcares foram extraídos das sementes de feijão-frade finalmente pulverizadas, seguindo o método descrito por Shad *et al.*, 2009. Os açúcares totais e os açúcares redutores foram estimados pelos métodos de Travelyan & Harrison, 1952 e Hulme & Narain, 1931, respetivamente. Os açúcares não redutores foram calculados por diferença. A análise qualitativa dos açúcares foi efectuada por cromatografia em papel. Os cromatogramas foram desenvolvidos utilizando acetato de etilo-piridina-água (60:30:20; v/r) como sistema solvente e ftalato de anilina como agente de localização.

3.7.3 Lípidos

Os lípidos totais foram extraídos segundo o método adotado por Bhattacharya e Raha, 2002. Os lípidos das sementes de feijão-frade foram extraídos com hexano (60-80^{0} C) no extrator Soxhlet durante oito a doze horas e o teor de óleo foi expresso em peso seco.

3.8 Rastreio de antagonistas conhecidos e de fitoextratos como agentes biopreparadores para controlar *in vitro* fungos transmitidos por sementes

A biopreparação foi efectuada para estudar o efeito dos bio-agentes e dos fito-extractos na germinação e no vigor das plântulas. As sementes de feijão-frade cv. Vaishali foram embebidas em suspensão de esporos de cada um dos bio-agentes e fito-extractos durante 24 horas. Foi adicionada uma solução de açúcar a 2% à suspensão como material pegajoso e para fornecer nutrição aos bioagentes que foram utilizados para inoculação. A concentração de cada bio-agente foi ajustada para 10^{7} - 10^{8} cfu/ml com a ajuda de um hemocitómetro e da técnica de diluição em série. Depois, o efeito dos respectivos bio-agentes e fitoextratos foi avaliado pelo método do papel toalha (Khare, 1996). As sementes embebidas em água destilada esterilizada serviram como tratamento de controlo. Foram testadas setenta e cinco sementes tratadas em cada um dos tratamentos com três repetições. Após o período de incubação, a observação foi registada como o número de sementes germinadas, o comprimento da raiz e o comprimento do rebento e, com estas observações, o índice de vigor foi calculado com a ajuda da fórmula (Mallesh *et al.,* 2008).

Índice de vigor = Germinação (%) X Comprimento médio das plântulas (cm)

(VI)

Tabela 2: Lista de bio-agentes e fito-extractos testados para bio-priming

N.º Sr.	Tratamentos	Conc.
1.	*Trichoderma viride* Pers, ex. grey Isolado da N. A. U.	0.4%
2.	*Trichoderma harzianum* Rifai. Isolado N. A. U.	0.4%
3.	Isolado *de Pseudomonas fluorescens* Migula N. A. U.	5.0ml
4.	*Bacillus subtilis* Ell N. A. U. isolado	5.0ml
5.	Extrato de sementes de cominho	0.2%
6.	Extrato de sementes de Neem	1.0%
7.	Extrato de dente de alho	1.0%

3.9 Gestão dos fungos que infectam as sementes de feijão-frade através do tratamento químico das sementes *in vitro*

Diferentes produtos químicos foram avaliados para verificar o seu efeito na germinação e no índice de vigor de sementes inoculadas com fungos isolados.

Para o efeito, sementes saudáveis de feijão-frade cv. Vaishali foram inoculadas com a mistura de todos os fungos isolados, mergulhando as sementes numa suspensão mista de esporos de fungos e, em seguida, tratadas com os respectivos produtos químicos. Estas sementes tratadas foram avaliadas pelo método do papel toalha (Khare, 1996) e incubadas a 27 ± 2^0 C durante 7 dias. Após o fim do período de incubação, foram registadas observações como o número de sementes germinadas, o comprimento do rebento e o comprimento da raiz para calcular o índice de vigor e a percentagem de germinação.

Quadro 3: Lista de fungicidas testados para o tratamento de sementes

Sr. Não.	Nome técnico	Nome comercial	Conc.
1.	Mancozebe 75% WP	Dithan M - 45	0.3%
2.	Carbendazime 50% WP	Bavistina	0.1%
3.	Metalaxil 8% + Mancozebe 64%	Ridomil MZ	0.2%
4.	Piraclostrobina 5% + Mitiram 55%	Cabrio top	0.2%

5.	Carbendazime 12% + Mancozebe 63%	Saaf	0.2%
6.	Carboxina 75% WP	Vitavax	0.3%
7.	Clorotalonil 75% WP	Kavach	0.3%

3.10 Preparação de bio-agentes e fito-extractos

3.10.1 Cultura em massa de *Trichoderma viride* e *T. harzianum*

Foi utilizada uma cultura pura de *Trichoderma viride* e *T. harzianum* disponível no Departamento de Fitopatologia, N. M. College of Agriculture, N. A. U., Navsari. A cultura em massa foi feita em PDA durante uma semana a 25^0 C. O crescimento fúngico resultante foi colhido das placas de Petri em água destilada esterilizada, de modo a obter 10^8 cfu/ml de suspensões. Esta suspensão de esporos foi utilizada para o tratamento de sementes.

3.10.2 Cultura em massa de *Pseudomonas fluorescens*

Para obter a formulação de *Pseudomonas*, o bioagente bacteriano foi inoculado em caldo Kings B, incubado a 26 ± 1^0 C numa incubadora BOD durante 48 horas. Os sobrenadantes foram eliminados. Em seguida, os pellets foram suspensos em água esterilizada de modo a obter 10^8 ufc/ml.

3.10.3 Cultura em massa de *Bacillus subtilis*

Para obter a formulação de *Bacillus subtilis,* o bio-agente bacteriano foi inoculado em caldo Kings B, incubado a 26 ± 1^0 C numa incubadora BOD durante 48 horas e centrifugado durante 5 minutos. Os sobrenadantes foram eliminados. Em seguida, os pellets foram suspensos em água esterilizada de modo a obter 10^8 ufc/ml.

3.10.4 Preparação de fito-extractos

O dente de alho fresco e saudável, as sementes de cominho e as sementes da planta Neem foram lavados cuidadosamente com água da torneira, cortados em pequenos pedaços e depois macerados separadamente em água destilada estéril (1:1 p/v) com um misturador. Assim, os extractos preparados de cada um foram filtrados através de um pano de musselina esterilizado de dupla camada para remover material estranho e foram considerados extractos a 100 %. Os extractos padrão foram ainda diluídos até à concentração necessária utilizando água destilada esterilizada.

3.11 Análise estatística

Os dados recolhidos no âmbito do estudo foram submetidos a uma análise estatística para uma interpretação correta. Utilizou-se o método padrão de análise da técnica de variância apropriada para o Desenho Aleatório Completo (D.A.C.), conforme descrito por (Panse e Sukhatme, 1967). Os dados foram analisados com a ajuda técnica recebida do centro de informática da N. M. College of Agriculture, N. A. U., Navsari. As diferenças entre os tratamentos foram testadas através do teste "F" com um nível de significância de cinco por cento, com base na hipótese nula. O erro-padrão da média (S. Em. ±) foi calculado em cada caso e a diferença crítica (C. D.), a um nível de probabilidade de cinco por cento, foi calculada para comparar as médias dos dois tratamentos, nos casos em que os efeitos dos tratamentos foram considerados significativos no teste "F". O coeficiente de variação percentual (C. V. %) também foi calculado para todos os casos.

IV. RESULTADOS E DISCUSSÃO

Os resultados e a discussão da presente investigação sobre vários aspectos dos fungos transmitidos por sementes de feijão-frade são apresentados a seguir.

4.1 Investigação patológica

4.1.1 Recolha de amostras de sementes de diferentes variedades de feijão bóer

As amostras de sementes de feijão-frade foram recolhidas em sacos de papel castanho nos campos dos agricultores do distrito de Navsari e na Pulse Research Station Farm, N. A. U., Navsari (quadro 1 e placa 1). As sementes foram examinadas ao microscópio para observar sintomas e sinais naturais nas sementes. Estes são registados como segue.

4.2 Sintomatologia induzida por fungos que infectam as sementes

As observações críticas, tanto visuais como por meio de lentes de aumento, de sementes infectadas de diferentes variedades de feijão-de-pomba colhidas em campos de cultivo de feijão-de-pomba de agricultores de diferentes taluka's de Navsari, Chikhli, Gandevi, Jalalpor e Vansda no distrito de Navsari e AVPP-1, GT-1, GT-101, GT-102, GT-103 e Vaishali da Pulse Research Station, N.A.U., Navsari, (Quadro 1 e Placa 1) revelaram a variedade de sintomas. Os sintomas observados nas sementes podem ser categorizados em geral como sementes descoloridas, murchas, danificadas e sadias (placa 2). Kumar e Singh (2004) e Singh *et al.* (201 1) relataram a sintomatologia dos fungos que infectam as sementes, com anomalias visíveis no feijão-frade, tais como sementes de aspeto saudável, sementes descoloradas e murchas, que revelaram uma elevada incidência de diferentes micoflora.

4.3 Categorização das amostras de sementes

A categorização das amostras de sementes de diferentes variedades de feijão bóer foi efectuada com base nos sinais e sintomas observados nas sementes: sementes descoloridas, murchas, danificadas, inertes e saudáveis (placa 2)

4.4 Isolamento de agentes patogénicos

O isolamento de fungos transmitidos por sementes a partir de uma amostra composta de sementes de feijão-frade colhidas foi efectuado através do método padrão de blotter e do método de placa PDA, com sementes esterilizadas à superfície e sem superfície, revelando a associação de nove fungos predominantes diferentes. Estes fungos foram inicialmente designados como isolados 1 a 9 (Quadro 4).

Quadro 4: Associação de fungos com sementes de feijão-frade naturalmente infectadas

Número de isolamento	Fungos	SBM		Método da placa PDA	
		SS	EUA	SS	EUA
1	*Alternaria alternata*	-	*	*	*
2	*Fusarium oxysporum*	*	*	*	*
3	*Fusarium moniliforme*	*	*	*	*
4	*Fusarium udum*	-	*	-	*
5	*Drechslera* sp.	-	*	*	*
6	*Curvularia lunata*	-	*	-	*
7	*Rhizoctonia* sp.	-	*	-	*
8	*Aspergillus niger*	*	*	*	*
9	*Aspergillus flavus*	*	*	*	*

* Presente - Ausente **SS**- Esterilizado à superfície **US**- Não esterilizado

SBM- Standard blotter method (Método do mata-borrão padrão)

4.5 Identificação de agentes patogénicos

Os diferentes isolados obtidos a partir de sementes de feijão-frade foram purificados através da técnica de isolamento de pontas de hifas. A identificação dos fungos isolados foi efectuada através do estudo dos caracteres culturais e morfológicos e do exame microscópico de cada isolado, sendo que os isolados puros e os isolados com pontas de hifa foram identificados através da técnica de isolamento das pontas de hifa.

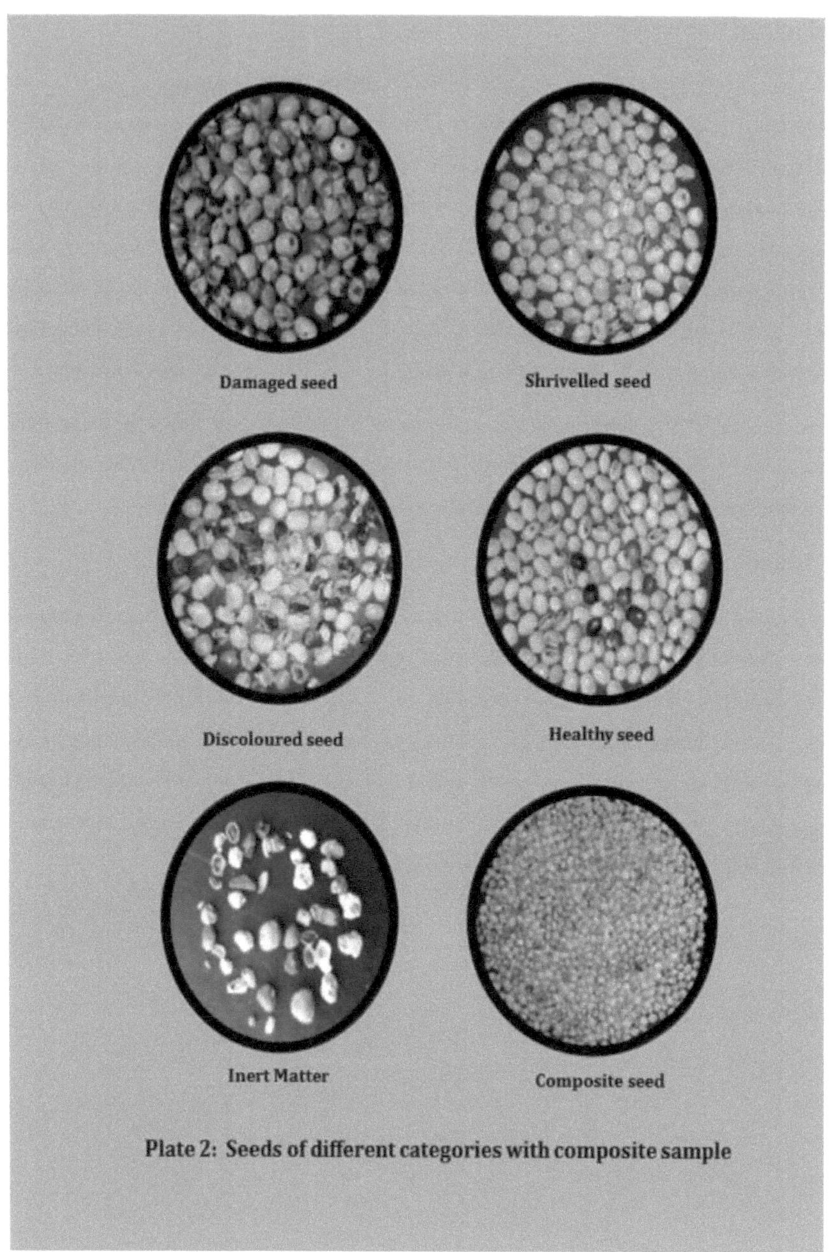

Plate 2: Seeds of different categories with composite sample

A cultura obtida em placas de Petri foi sub-cultivada e o crescimento do micélio do fungo após 3 a 6 dias (placa 3), enquanto os esporos de todos os diferentes fungos foram colocados na placa 4. As observações foram registadas da seguinte forma.

4.5.1 Isolado número 1

O micélio do agente patogénico é geralmente verde-azeitona claro a castanho. As hifas são castanho-escuras, espessas, septadas e ramificadas. Os conidióforos são simples, castanho-azeitona, septados, de comprimento variável com conídios terminais, solitários ou em cadeias curtas. Os conídios são castanho-claros a castanho-claros, obclavados a obpiriformes ou elipsoides, com um bico cónico curto na ponta ou, por vezes, sem bico. A superfície dos conídios é lisa a verruculosa, com 20-63 × 9-18 µm de tamanho. Os conídios são septados com septos verticais e transversais. Os conídios maduros medem de 10-30 × 512 µm, têm bico cónico curto ou não têm bico, são estreitamente elipsóides a ovóides e alongados em cadeias ramificadas.

Com base nos caracteres morfológicos e culturais, o isolado fúngico indica a sua estreita identidade com *Alternaria alternata.* O fungo isolado durante este estudo foi identificado como *Alternaria alternata*, tal como descrito na literatura (Sharma *et al.*, 2013 e Thakur *et al.,* 2010).

4.5.2 Isolado número 2

Os microconídios são suportados em conidióforos curtos e simples que surgem lateralmente nas hifas. Estes são ovais a cilíndricos, rectos a curvos, os microconídios variam de 5,1 -12,8 × 2,5-5,0 µm de tamanho, enquanto os macroconídios são de 16,5-37,9 × 6 4,0-5,9 µm com 1 -5 septações, mais frequentemente com 2-3 conídios septados. Os macroconídios também são formados em abundância, com uma célula apical atenuada e uma célula basal pedicelada, geralmente com 3-5 septos, produzidos em monofiálides ou esporodóquios curtos, ramificados ou não ramificados. Outra caraterística marcante observada

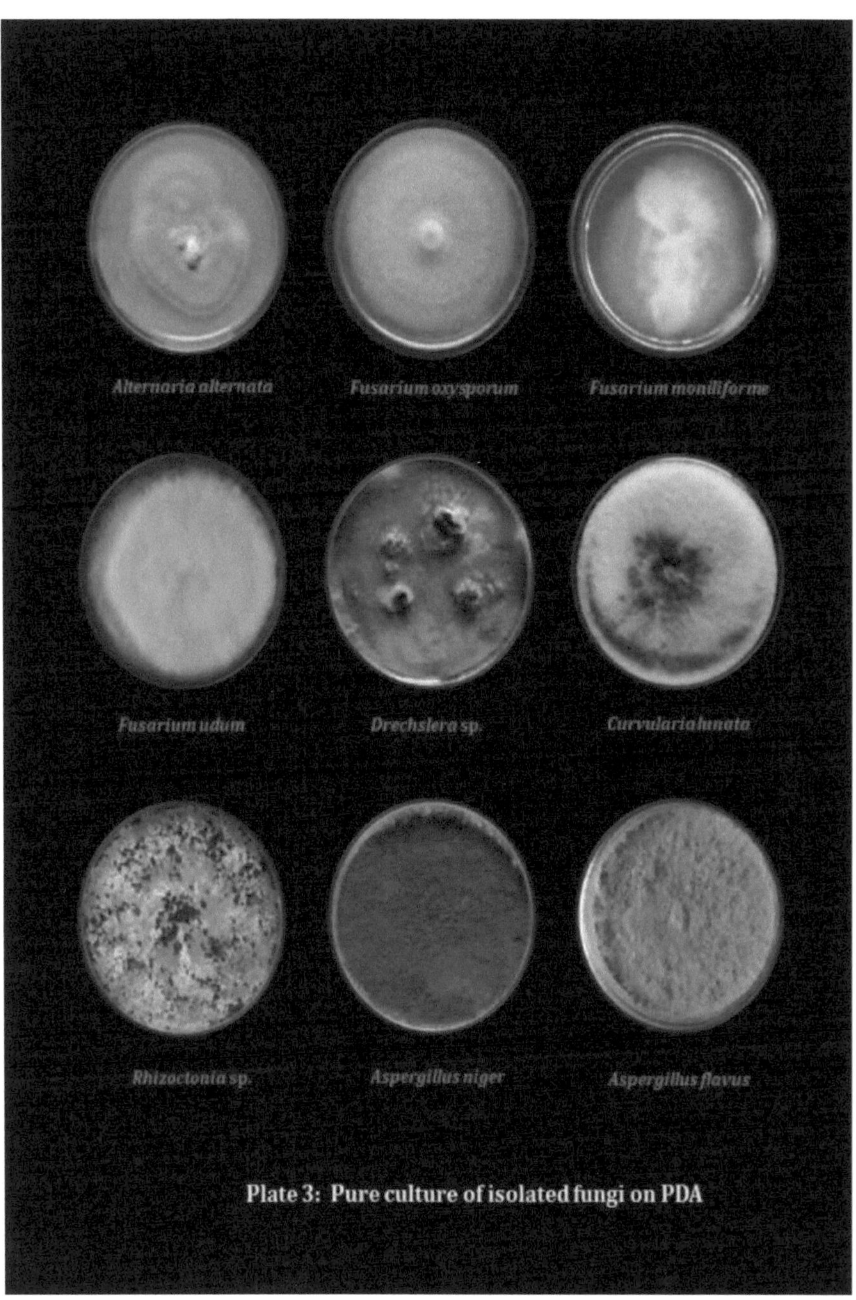

Plate 3: Pure culture of isolated fungi on PDA

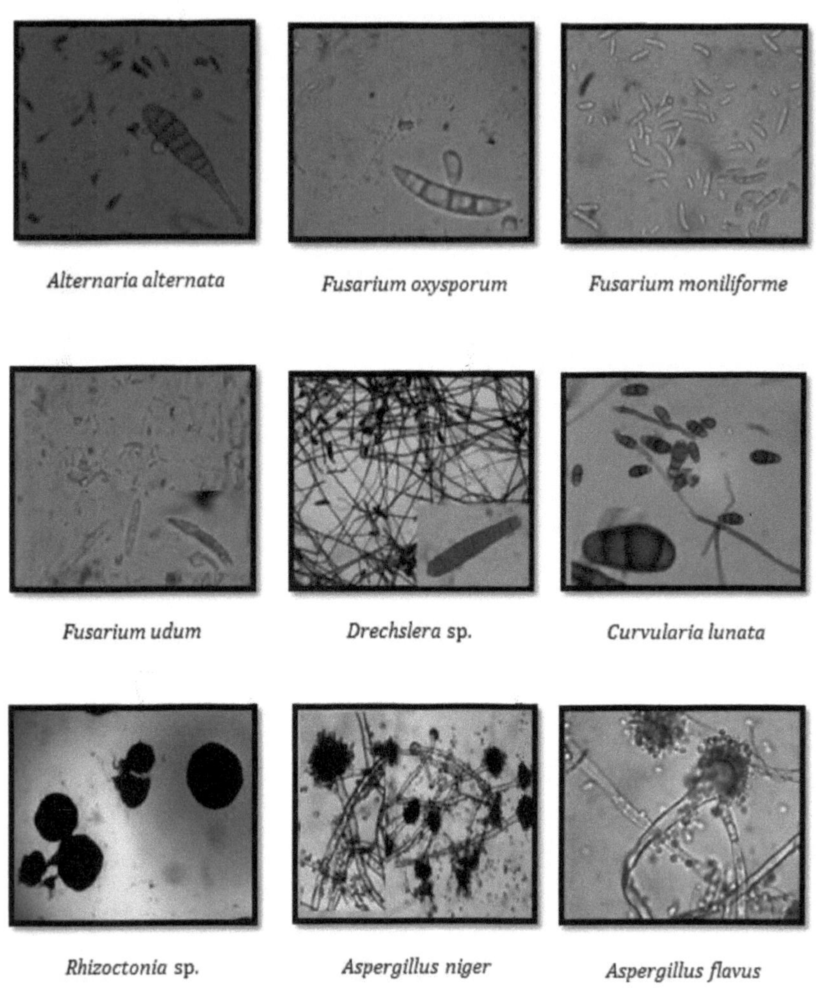

Placa 4: MiciOfotografia de fungos que infectam as sementes

foi a presença constante de clamidósporos, com uma parede lisa, a maioria formada isoladamente, com localização intercalada ou terminal. Os clamidósporos são globosos, hialinos, com 7-15 µm de diâmetro, geralmente formados em abundância em colónias maduras, terminais ou intercalares, isolados ou em pequenos grupos ou cadeias.

Com base nos caracteres morfológicos e culturais, o isolado fúngico indica a sua estreita identidade com *Fusarium oxysporum.* O fungo isolado durante este estudo foi identificado como *Fusarium oxysporum*, tal como descrito na literatura (Thakur *et al.,* 2010).

4.5.3 Isolado número 3

As colónias do isolado eram inicialmente brancas a laranja claro, tornando-se mais tarde num crescimento branco-rosado com cor púrpura em meio PDA. O crescimento dos micélios consistia em agregados ou soltos com cadeias dispersas de microconídios. Os microconídios eram hialinos, produzidos em cadeia monilial, maioritariamente unicelulares, mas raramente com um septo e medindo 4,01-10,23 x 1,63-3,15µm (Av. 7,12-2,39µm). Eles eram ovais a em forma de clube com base achatada. Os macroconídios foram produzidos em macroconidióforos. Eles eram hialinos, 3-7 septados e mediam 22,29-43,71 x 2,71-3,65µm (Av. 33,0 x 3,18µm), delgados, falcados a quase retos e afilados em ambas as extremidades. Eram ligeiramente curvadas na ponta, de paredes finas com a célula apical ligeiramente curvada e afilada em ambas as extremidades.

Os caracteres culturais e morfológicos das estruturas vegetativas e reprodutivas do isolado fúngico indicaram a sua estreita identidade com *Fusarium moniliforme*. O fungo isolado durante este estudo foi identificado como *F. moniliforme*, tal como descrito na literatura (Wollenweber e Reinking, 1935; Gangopadhyay, 1983 e Kotgire, 2009). Para confirmar a nossa identificação, foi previamente identificado por Kotgire Ganesh na Coleção de Culturas de Tipo Indiano (I. T. C. C.), Divisão de Micologia e Fitopatologia, Instituto Indiano de Investigação Agrícola (I. A. R. I.), Nova Deli. Identificaram o fungo como *F. moniliforme* (I. T. C. C. No. 8348.11).

4.5.4 Isolado número 4

O micélio era septado, hialino e produzia esporos. Os fungos produziam micélios de cor branca, margem serrilhada com crescimento fofo com pigmentação amarela clara e escura na placa de PDA. Os microconídios eram pequenos, elípticos ou curvos, unicelulares ou com um ou dois septos, e mediam 5-15 × 2-4 µm. Desenvolveram-se livres em ramos de hifas. Os macroconídios foram produzidos numa pequena almofada de micélio estromático na superfície do hospedeiro, perto do nível do solo. Os macroconídios eram longos, curvos, pontiagudos na ponta e nodosos na base, septados (2-4 septos) e mediam 1550 × 3-5 µm.

Com base nos caracteres morfológicos e culturais, o isolado fúngico indica a sua estreita identidade com *Fusarium udum*. O fungo isolado durante este estudo foi identificado como *F. udum*, tal como descrito na literatura (Kumar e Upadhyay, 2014).

4.5.5 Isolado número 5

O micélio é peludo e de cor cinzenta escura a castanha. Os conidióforos têm 135-335 µm de comprimento e 8-10 µm de largura. São flexíveis, simples, erectos, com uma base inchada e um ápice geniculado, e apresentam conídios tipicamente rectos ou em forma de fuso. Os conídios são castanhos oliváceos, curvados a direito e afunilados em ambas as extremidades. Os conídios são 3-11 distoseptados. Os conídios têm um hilo truncado e protuberante na sua célula basal.

Os caracteres culturais e morfológicos das estruturas vegetativas e reprodutivas do isolado fúngico indicaram a sua estreita identidade com as espécies de *Drechslera*. O fungo isolado durante este estudo foi identificado como *Drechslera* sp. tal como descrito na literatura (Thakur *et al.,* 2010).

4.5.6 Isolado número 6

As colónias eram pretas com micélio septado. Os conidióforos eram solitários, rectos, castanhos escuros. Os conídios eram em sua maioria curvos, com curvatura nas células maiores, três septos e as células eram frequentemente hialinas, a célula central era maior e marrom escura, a célula apical era arredondada, de paredes lisas, sem hilo protuberante e media 17,43-23,97 x 1,03-14,87 µm (Av. 20,7 x 12,45 µm).

Os caracteres culturais e morfológicos das estruturas vegetativas e reprodutivas do isolado fúngico indicaram a sua estreita identidade com *Curvularia lunata*. O fungo isolado durante este estudo foi identificado como *C. lunata*, tal como descrito na literatura (Padwick, 1950 e Wabale, 2006). O mesmo isolado foi identificado pelo I. A. R. I., Nova Deli, como *C. lunata* (I. T. C. C. No. 8351.11).

4.5.7 Isolado número 7

O fungo produziu um crescimento de micélio branco cerâmico com corpos escleróticos completamente desenvolvidos em meio PDA. Os escleródios são pretos, lisos, duros, de grandes dimensões, com 0,1-1 mm de diâmetro e facilmente visíveis a olho nu.

Com base nos caracteres morfológicos e culturais, o isolado fúngico indica a sua estreita identidade com *Rhizoctonia* sp. O fungo isolado durante este estudo foi identificado como *Rhizoctonia* sp. tal como descrito na literatura (Thakur *et al.,* 2010).

4.5.8 Isolado número 8

As colónias de fungos eram inicialmente esbranquiçadas, tornando-se rapidamente bastante negras. As hifas eram hialinas e septadas. Os conidióforos eram erectos, não ramificados, rectos, hialinos a castanhos claros, asseptados longos e mais escuros perto da vesícula. A vesícula era globosa, com paredes espessas e castanha a preta. Os conídios produzidos em cadeia eram globosos, unicelulares, pálidos a castanho-escuros na maturidade. Mediam 3-4,5 µm (Av. 3,7 µm) de diâmetro.

Os caracteres culturais e morfológicos das estruturas vegetativas e reprodutivas do isolado fúngico indicaram a sua estreita identidade com *Aspergillus niger*. O fungo isolado durante este estudo foi identificado como *A. niger*, tal como descrito na literatura (Ahmed e Reddy, 1993 e Kotgire, 2009).

4.5.9 Isolado número 9

O seu crescimento foi relativamente rápido e desenvolveu colónias verde-azeitona nas placas de PDA. A textura era de lã a algodão e algo granular. O micélio era septado. Os conidióforos do fungo, erectos em PDA, eram simples, não ramificados, incolores, transparentes e lisos. O fungo produziu cabeças conidiais compactas, globosas a radiadas, em tons de verde e bisseriadas. Os conídios eram hialinos, unicelulares e produzidos em cadeia. Eram globosos e mediam 4-6 µm de diâmetro, elípticos a piriformes.

Os caracteres culturais e morfológicos das estruturas vegetativas e reprodutivas do isolado fúngico indicaram a sua estreita identidade com *Aspergillus flavus*. O fungo isolado durante este estudo foi identificado como *A. flavus*, tal como descrito na literatura (Ahmed e Reddy, 1993 e Kotgire, 2009).

4.6 Teste de patogenicidade

A natureza patogénica de *Alternaria alternata, Fusarium oxysporum, Fusarium moniliforme, Fusarium udum, Drechslera* sp., *Curvularia lunata, Rhizoctonia* sp., *Aspergillus niger* e *A. flavus* foi testada na cv. Vaishali em condições *in vitro* e em casa de vegetação (*in vivo*). As sementes aparentemente saudáveis da cv. Vaishali foram inoculadas com culturas de cada agente patogénico com 10 dias de idade, pelos seguintes métodos.

4.6. 1Teste de patogenicidade *in vitro*

As sementes aparentemente saudáveis da cv. Vaishali foram inoculadas com uma cultura de 10 dias de cada fungo testado e 100 sementes para cada fungo foram colocadas em papel toalha, enquanto que as sementes não inoculadas serviram como controlo.

Os dados apresentados no Quadro 5 revelaram que a inoculação de todos os fungos isolados de sementes de feijão-frade reduziu a germinação e causou mortalidade pré e pós-emergência em comparação com sementes não inoculadas. No controlo, foi observada uma mortalidade pré-emergência de 6,00 por cento e uma mortalidade pós-emergência de 8,51 por cento. A maior mortalidade pré e pós-emergência foi observada em sementes inoculadas com *Aspergillus niger* (58,00% e 64,29%) seguido por *Aspergillus flavus* (52,00% e 58,33%), respetivamente. Os restantes fungos inoculados também causaram uma mortalidade considerável em pré-emergência e pós-emergência, que variou de 15,00 a 58,00 por cento e de 14,12 a 64,29 por cento, respetivamente. A redução da germinação em cada tratamento foi causada pelo apodrecimento das sementes pelos fungos inoculados (Placa 5).

Quadro 5: Sementes inoculadas com diferentes fungos isolados e o seu efeito na mortalidade pré-emergência e pós-emergência *in vitro*

Tratamento Não.	Nome dos fungos	Pré-mortalidade por emergência (%)*	Pós-mortalidade por emergência (%)*
1.	*Alternaria alternata*	33.00	37.31
2.	*Fusarium oxysporum*	48.00	51.92
3.	*Fusarium moniliforme*	43.00	47.36
4.	*Fusarium udum*	39.00	44.26
5.	*Drechslera* sp.	28.00	31.94
6.	*Curvularia lunata*	21.00	24.05
7.	*Rhizoctonia* sp.	15.00	14.12
8.	*Aspergillus niger*	58.00	64.29
9.	*Aspergillus flavus* Controlo	52.00	58.33
10.	(Sementes não inoculadas)	06.00	08.51

***Média** de quatro repetições e 25 sementes em cada repetição

4.6.1 Teste de patogenicidade *in vivo*

As sementes aparentemente saudáveis da cv. Vaishali foram inoculadas com culturas de 10 dias de idade de cada patógeno testado e 40 sementes para cada fungo foram semeadas em vasos de terra previamente preparados contendo solo esterilizado. As sementes não inoculadas serviram de controlo.

Os dados apresentados no Quadro 6 revelaram que a inoculação de todos os fungos isolados de sementes de feijão-frade reduziu a germinação e causou mortalidade pré e pós-emergência em comparação com sementes não inoculadas. No controlo, foi registada uma mortalidade pré-emergência de 5,00 por cento e uma mortalidade pós-emergência de 13,15 por cento. A mortalidade pré-emergência mais elevada foi observada em sementes inoculadas com *Aspergillus niger* (57,50%) seguido de *Aspergillus flavus* (47,50%), enquanto a mortalidade pós-emergência mais elevada foi observada em *Fusarium oxysporum* (68,1%) seguido de *Aspergillus niger* (64,70%). A redução da germinação em cada tratamento foi causada pelo apodrecimento das sementes pelos fungos inoculados. O resto dos fungos inoculados também causaram mortalidade pré e pós-emergência (Placa 6).

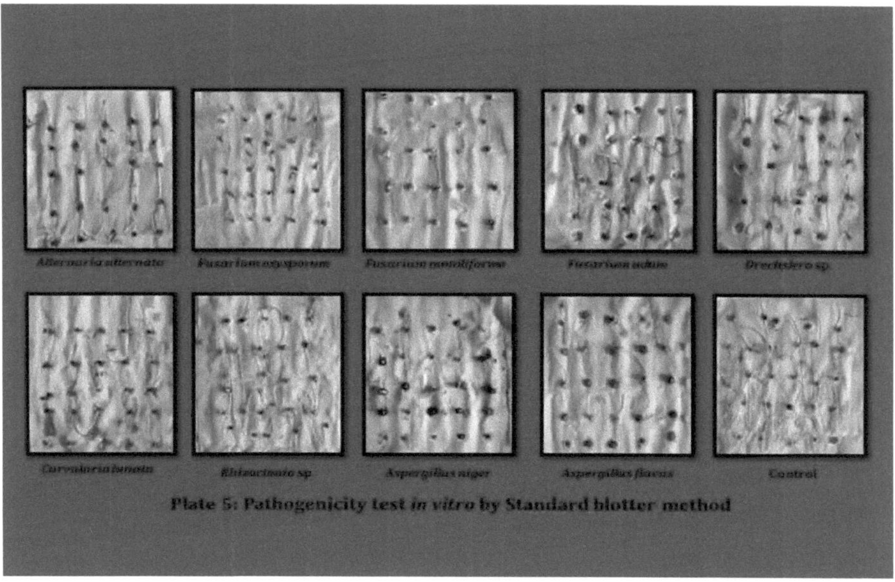

Plate 5: Pathogenicity test *in vitro* by Standard blotter method

Quadro 6: Sementes inoculadas com diferentes fungos isolados e o seu efeito na mortalidade pré-emergência e pós-emergência *in vivo*

Tratamento Não.	Nome dos fungos	Mortalidade pré-emergência (%)*	Mortalidade pós-emergência (%)*
1.	*Alternaria alternata*	37.50	28.00
2.	*Fusarium oxysporum*	45.00	68.18

3.	*Fusarium moniliforme*	42.50	47.82
4.	*Fusarium udum*	37.50	40.00
5.	*Drechslera sp.*	27.50	34.48
6.	*Curvularia lunata*	35.00	34.60
7.	*Rhizoctonia sp.*	15.00	23.52
8.	*Aspergillus niger*	57.50	64.70
9.	*Aspergillus flavus*	47.50	38.09
10.	Controlo (Sementes não inoculadas)	05.00	13.15

***Média** de quatro repetições e 10 sementes em cada repetição

O presente resultado confirma as conclusões de Lokesh e Hiremath (1992). Relataram uma redução máxima de 68,00 por cento em relação ao controlo da germinação de sementes quando testado com *Aspergillus niger* em feijão-frade. Singh *et al.* (2004) observaram que *A. niger* causou 29,00 por cento de mortalidade pré-emergência e 08,00 por cento de mortalidade pós-emergência em sementes de amendoim. Por outro lado, Khayum *et al.* (2006) registaram a maior diminuição da germinação de sementes em 62,00 por cento em *Fusarium* sp. e 21,00 por cento em *Aspergillus niger* em sementes de soja.

4.7 Efeito dos fungos que infectam as sementes no estado de saúde das sementes no que respeita à perda de germinação e ao vigor das sementes

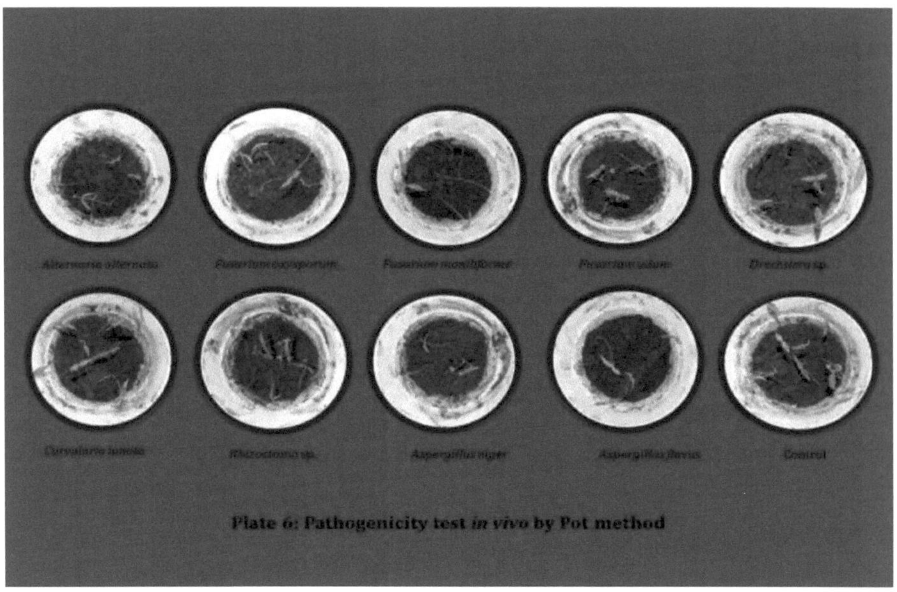

Plate 6: Pathogenicity test *in vivo* by Pot method

A avaliação através da inoculação artificial de sementes de feijão-frade separadamente por nove fungos diferentes revelou um efeito significativo na germinação das sementes, no comprimento dos rebentos e das raízes e, por conseguinte, no índice de vigor das plântulas (Quadro 7 e Figura 2). Cada um dos fungos apresentou efeitos adversos significativos na germinação de sementes, no comprimento de rebentos e de raízes (Quadro 7). No geral, os fungos induziram uma redução de 6,18 a 42,26, 9,28 a 57,80 e 20,48 a 60,61 por cento na germinação de sementes, comprimento de rebentos e comprimento de raízes em relação a sementes saudáveis, respetivamente.

As sementes inoculadas com *Aspergillus niger* registaram a germinação mais baixa (56,00%), a par de *Aspergillus flavus* (58,00%). Enquanto que *Fusarium oxysporum*, *Fusarium moniliforme*, *Fusarium udum*, *Alternaria alternata*, *Drechslera* sp., *Curvularia lunata* e *Rhizoctonia* sp. registaram 63,00, 68,00, 71,00, 76,00, 81,00, 86,00 e 91,00 por cento de germinação, respetivamente.

O resultado em termos de comprimento de rebentos e raízes com índice de vigor de plântulas, todos os tratamentos mostraram menor comprimento de rebentos, comprimento de raízes e índice de vigor de plântulas em comparação com o controlo. *O Aspergillus niger* registou um comprimento mínimo de rebento (4,00 cm), comprimento de raiz (5,25 cm) e índice de vigor das plântulas (518,20) que foi igual ao *Aspergillus flavus* (4,15 cm, 5,43 cm e 555,70, respetivamente). Da mesma forma, *Fusarium oxysporum*, *Fusarium moniliforme*, *Fusarium udum*, *Alternaria alternata*, *Drechslera* sp., *Curvularia lunata* e *Rhizoctonia* sp. também registaram menos comprimento de rebentos, comprimento de raízes e índice de vigor de plântulas. Pelo contrário, a germinação de sementes significativamente mais elevada (97,00%), o comprimento do rebento (9,48 cm), o comprimento da raiz (13,33 cm) e o índice de vigor das plântulas (2212,00) foram obtidos em sementes saudáveis.

Os presentes resultados são semelhantes aos relatados por Lokesh e Hiremath (1992), que encontraram uma redução de 68,00 por cento na germinação de sementes, uma redução de 35,00 por cento no alongamento de rebentos e 38,91 por cento na germinação de sementes.

Quadro 7: Efeito da inoculação de sementes com diferentes fungos na germinação de sementes, comprimento de rebentos, comprimento de raízes e índice de vigor de plântulas em feijão-frade

Fungos	Germinação de sementes (%)*	Diminuição da germinação das sementes em relação às sementes sãs (%)	Comprimento do rebento (cm)*	Diminuição do comprimento do rebento em relação à semente sã (%)	Comprimento da raiz (cm)*	Diminuição do comprimento da raiz em relação à semente sã (%)	Índice de vigor das plântulas (SVI)
Alternaria alternata	*76.00*	21.65	7.68	18.98	9.78	26.63	1326.30
Fusarium oxysporum	*63.00*	*35.05*	6.30	33.54	7.65	42.61	878.58
Fusarium moniliforme	*68.00*	*29.89*	5.48	42.19	7.03	47.26	850.74
Fusarium udum	*71.00*	*26.80*	6.85	27.74	8.43	36.75	1084.70
Drechslera sp.	*81.00*	*16.49*	7.30	22.99	9.45	29.10	1356.30
Curvularia lunata	*86.00*	*11.34*	8.05	15.08	10.30	22.73	1578.00
Rhizoctonia sp.	*91.00*	*6.18*	8.60	9.28	10.60	20.48	1746.20

Aspergillus niger	*56.00*	*42.26*	4.00	57.80	5.25	60.61	518.20
Aspergillus flavus	*58.00*	*40.20*	4.15	56.22	5.43	59.27	555.70
Controlo (semente sã)	*97.00*	-	9.48	-	13.33	-	2212.00
S. Em ±	*1.13*		0.06		0.07		18.30
CD 0,05%	*3.25*		0.17		0.20		52.85
CV %	*4.76*		2.79		2.52		4.78

***Média** de quatro repetições e 25 sementes em cada repetição

Figura 1: Efeito da inoculação de sementes com diferentes fungos na germinação de sementes, comprimento de rebentos e comprimento de raízes em feijão-frade

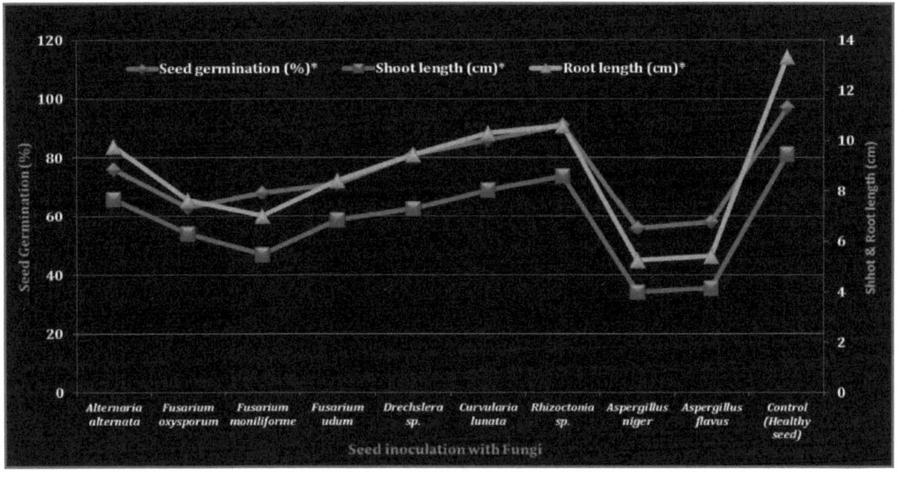

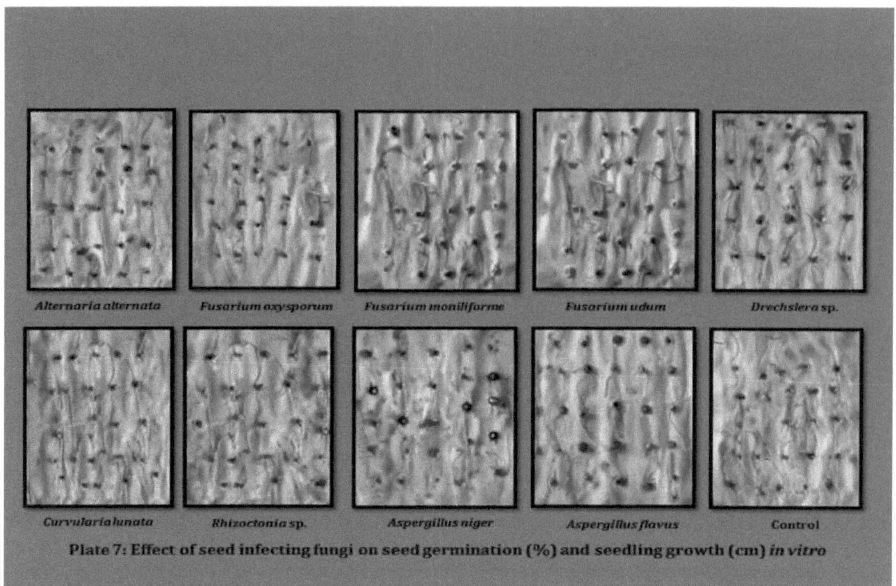

Plate 7: Effect of seed infecting fungi on seed germination (%) and seedling growth (cm) *in vitro*

por cento de redução no alongamento da raiz em relação ao controlo em sementes testadas com *Aspergillus niger* na cultura do feijão-frade. Considerando que, a maior redução percentual da germinação de sementes, comprimento de rebentos e comprimento de raízes registou 62,00, 61,01 e 59,49 por cento, respetivamente em *Fusarium* sp. e 21,00, 32,59 e 28,77 por cento, respetivamente em *Aspergillus niger* por Khayum *et al.* (2006) em sementes de soja.

4.8 Efeito do filtrado de cultura de fungos isolados que infectam as sementes na germinação das sementes, no comprimento dos rebentos, no comprimento das raízes e no índice de vigor das plântulas de feijão-frade

Os resultados sobre a germinação de sementes, o comprimento de rebentos e raízes e o índice de vigor de plântulas (SVI) de feijão-de-gato, influenciados por filtrados de cultura de nove fungos isolados diferentes, apresentados no Quadro 8 e representados na Figura 2, revelaram efeitos significativos na germinação de sementes, no comprimento de rebentos e raízes e, por conseguinte, no SVI (Quadro 8). No geral, os fungos induziram uma redução de 18,75 a 55,20, 13,74 a 59,50 e 19,29 a 63,28 por cento na germinação de sementes, comprimento de rebentos e comprimento de raízes em relação a sementes saudáveis, respetivamente. As sementes inoculadas com *Aspergillus niger* apresentaram a germinação mais baixa (43,00%), que foi igual à de *Aspergillus flavus* (45,00%). Enquanto que *Fusarium oxysporum*, *Fusarium moniliforme*, *Fusarium udum*, *Alternaria alternata*, *Drechslera* sp., *Curvularia lunata* e *Rhizoctonia* sp.

registaram 54,00, 58,00, 62,00, 66,00, 69,00, 73,00 e 78,00 por cento de germinação, respetivamente.

O resultado em termos de comprimento de rebentos e raízes com índice de vigor de plântulas, todos os tratamentos mostraram menor comprimento de rebentos, comprimento de raízes e índice de vigor de plântulas em comparação com o controlo. *O Aspergillus niger* registou um comprimento mínimo de rebento (3,30 cm), comprimento de raiz (4,70 cm) e índice de vigor das plântulas (344,20) que foi igual ao *Aspergillus flavus* 3,45 cm, 4,83 cm e 372,72, respetivamente. Da mesma forma, *Fusarium oxysporum*, *Fusarium moniliforme*, *Fusarium udum*, *Alternaria alternata*, *Drechslera* sp., *Curvularia lunata* e *Rhizoctonia* sp. também registaram menos comprimento de rebentos, comprimento de raízes e índice de vigor de plântulas. Pelo contrário, a germinação de sementes (96,00%), o comprimento do rebento (8,15 cm), o comprimento da raiz (12,80 cm) e o índice de vigor das plântulas (2011,00) foram significativamente mais elevados nas sementes saudáveis.

O resultado semelhante foi observado por Lokesh e Hiremath (1992). Verificaram que 64,37% de redução na germinação de sementes, 90,26% de redução no alongamento de rebentos e 90,25% de redução no alongamento de raízes em relação ao controlo em sementes testadas com *Aspergillus niger* na cultura de feijão-frade. Jalander e Gachande (2012) também descobriram que os filtrados culturais de *Aspergillus niger* causaram uma redução na germinação de sementes e no alongamento da raiz e do rebento em diferentes culturas de leguminosas.

4.9 Efeito dos fungos que infectam as sementes na qualidade das mesmas

As sementes de diferentes categorias foram avaliadas para descobrir o efeito do agente patogénico nos parâmetros de qualidade das sementes, revelando um efeito significativo no teor de proteínas, SST e lípidos das sementes (Quadro 9 e Figura 3). Verifica-se uma variação significativa em todos os parâmetros bioquímicos estudados. Em geral, cada categoria de sementes induziu 37,01 a 58,17, 24,00 a 52,00 e 25,00 a 55,25 por cento de proteína, SST e teor de lípidos em relação a sementes aparentemente saudáveis, respetivamente.

Observou-se um teor significativamente mais baixo de proteínas e de SST nas sementes descoloridas, *isto é*, 8,70 e 1,20%, respetivamente, seguido de sementes murchas (13,10 e 1,90%, respetivamente).

Relativamente ao teor de lípidos nas sementes, o teor de lípidos é significativamente mais baixo (1,40%) nas sementes murchas, seguido das sementes descoloridas (2,40%). Pelo contrário, o teor de proteínas foi significativamente mais elevado (20,80%),

Quadro 8: Efeito do filtrado de cultura dos fungos isolados que infectam as sementes na germinação das sementes, no comprimento dos rebentos, no comprimento das raízes e no índice de vigor das plântulas de feijão-frade

Fungos	Germinação de sementes (%)*	Diminuição da germinação das sementes em relação às sementes sãs (%)	Comprimento do rebento (cm)*	Diminuição do comprimento do rebento em relação à semente sã (%)	Comprimento da raiz (cm)*	Diminuição do comprimento da raiz em relação à semente sã (%)	Índice de vigor das plântulas (SVI)
Alternaria alternata	66.00	31.25	5.80	28.83	8.73	31.79	958.50
Fusarium oxysporum	54.00	43.75	4.73	41.96	5.83	54.45	569.70
Fusarium moniliforme	58.00	39.58	5.60	31.28	7.10	44.53	736.90
Fusarium udum	62.00	35.42	5.30	34.96	6.48	49.37	729.90
Drechslera sp.	69.00	28.12	6.68	18.03	9.65	24.60	1127.10
Curvularia lunata	73.00	23.96	6.20	23.92	9.15	28.51	1121.10
Rhizoctonia sp.	78.00	18.75	7.03	13.74	10.33	19.29	1352.90
Aspergillus niger	43.00	55.20	3.30	59.50	4.70	63.28	344.20
Aspergillus flavus	45.00	53.12	3.45	57.67	4.83	62.27	372.72
Controlo (semente sã)	96.00	-	8.15	-	12.80	-	2011.00
S. Em ±	1.03		0.07		0.05		15.80
CD 0,05%	2.98		0.19		0.15		45.62
CV %	5.07		3.79		2.07		5.36

***Média** de quatro repetições e 25 sementes em cada repetição

Figura 2: Efeito do filtrado de cultura dos fungos que infectam as sementes

isolados na germinação das sementes, no comprimento dos rebentos e das raízes do feijão-frade

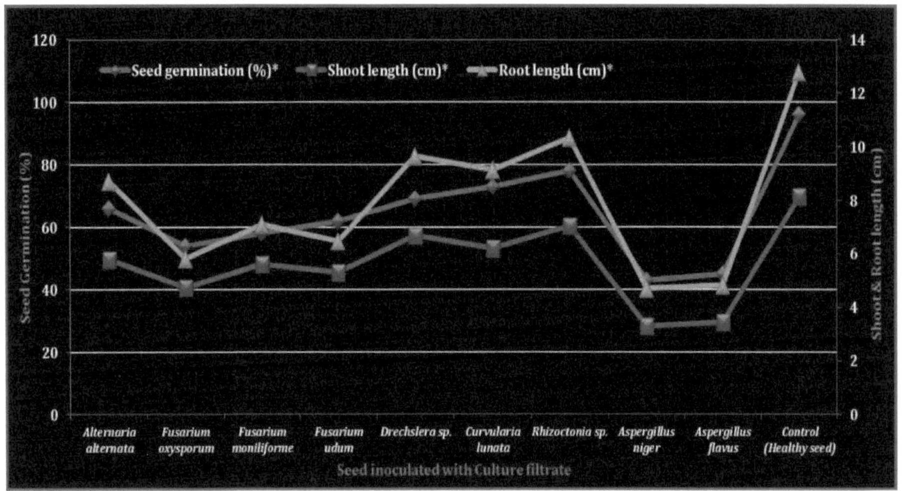

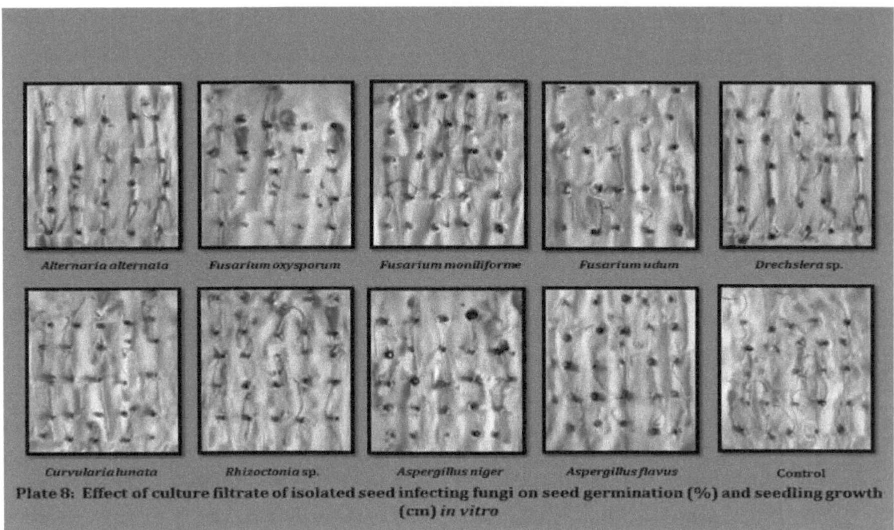

Plate 8: Effect of culture filtrate of isolated seed infecting fungi on seed germination (%) and seedling growth (cm) *in vitro*

O teor de SST (2,50%) e de lípidos (3,20%) foi observado em sementes aparentemente saudáveis de feijão-frade.

Os resultados actuais estão em consonância com Chaudhary e Prasad (1974), que registaram uma rápida depleção de glucose, sacarose e frutose em feijão-frade infetado com *Fusarium oxysporum*. Chakraborty e Sen Gupta (2001) também registaram o teor mais baixo de proteínas

(2,92 mg/g) testado por *Fusarium udum* em sementes de feijão-frade. Embaby e Abdel-Galil (2006), testados com *Aspergillus flavus*, registaram uma diminuição da percentagem de proteínas, hidratos de carbono e gordura em comparação com as sementes de leguminosas saudáveis (feijão, feijão-frade e tremoço).

4.10 Rastreio de antagonistas conhecidos como agentes bio-primários e fito-extractos para o controlo *in vitro* de fungos transmitidos por sementes de feijão-frade

Diferentes bio-agentes e fito-extractos (Quadro 2) foram testados para verificar o seu efeito na germinação de sementes e na saúde das plântulas de feijão-frade cv. Vaishali inoculadas com uma mistura de todos os fungos isolados. Os dados apresentados no Quadro 10 e na Figura 4 revelaram um efeito significativo de todos os bio-agentes e fito-extractos na germinação das sementes, comprimento do rebento, comprimento da raiz e índice de vigor das plântulas (Quadro 9 e Figura 4). Em geral, os bio-agentes e os fito-extractos registaram um aumento de 44,72 a 73,67, 16,86 a 72,99 e 11,35 a 81,03 por cento na germinação de sementes, comprimento de rebentos e comprimento de raízes, respetivamente, em relação ao controlo. As sementes tratadas com *Trichoderma viride* registaram a germinação de sementes mais elevada (88,00%), a par de *Trichoderma harzianum* (85,33%). Enquanto que, em *Pseudomonas fluorescens*, *Bacillus subtilis*, sementes de Neem, cravo de alho e extrato de sementes de cominho registaram 77,33, 73,33, 78,67, 74,67 e 72,00% de germinação de sementes, respetivamente. O resultado em termos de comprimento de rebentos e raízes com índice de vigor de plântulas, todos os tratamentos mostraram maior

Tabela-9: Efeitos dos fungos que infectam as sementes nos parâmetros de qualidade das sementes

Categoria de sementes	Parâmetro de qualidade					
	Teor de proteínas (%)	Diminuição das sementes saudáveis	SST (%)	Diminuição das sementes saudáveis	Lípidos (%)	Diminuição das sementes saudáveis
Sementes aparentemente saudáveis	20.80	-	02.50	-	03.20	-

Sementes murchas	13.10	37.01	01.90	24.00	01.40	55.25
Sementes descoloridas	08.70	58.17	01.20	52.00	02.40	25.00

Figura 3: Efeitos dos fungos que infectam as sementes nos parâmetros de qualidade das sementes

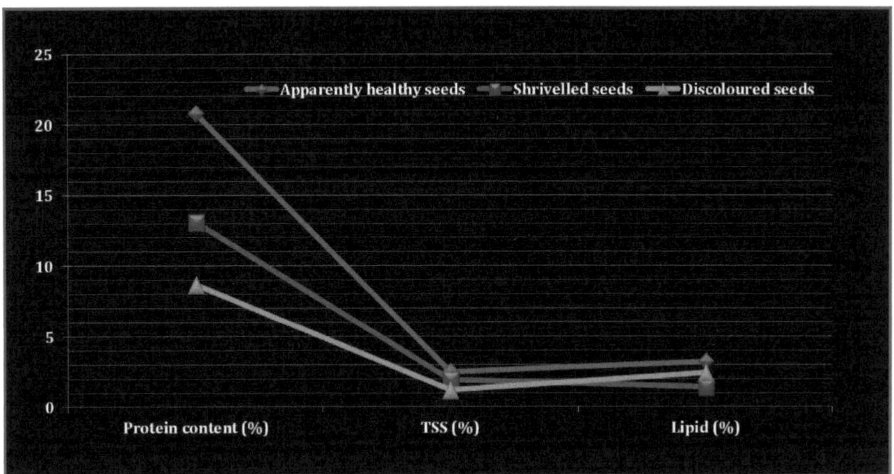

comprimento do rebento, comprimento da raiz e índice de vigor das plântulas em comparação com o controlo. A biopreparação de sementes com *T. viride* registou um comprimento máximo de rebento (9,30 cm), comprimento de raiz (11,17 cm) e índice de vigor de plântulas (1777,46) que foi igual ao de *T. harzianum* (8,90 cm, 11,07 cm e 1703,73), respetivamente. Da mesma forma, o extrato de sementes de Neem (7,97 cm, 9,20 cm e 1350,00), *B. subtilis* (7,60 cm, 8,63 cm e 1 190,27), extrato de sementes de cominho (6,95 cm, 7,63 cm e 1049,13), *P. fluorescens* (6,20 cm, 7,17 cm e 1033.47) e extrato de cravo de alho (6,10 cm, 6,87 cm e 967,73) também registaram mais comprimento de rebentos, comprimento de raízes e índice de vigor de plântulas, respetivamente, em comparação com o controlo (5,22 cm, 6,17 cm e 576,60).

Do mesmo modo, Mallesh *et al.* (2008) registaram um máximo de 92,00% de germinação de sementes em bio-priming de sementes com *Trichoderma viride* e *T. harzianum* e um índice de vigor de plântulas de 2240 e 2235 por *Trichoderma viride* e *T. harzianum,* respetivamente, aos 30 DAS em feijão-frade. Purushothaman (2007) observou que as sementes tratadas com extrato de sementes de Neem registaram a maior germinação de sementes (83,25%) e a menor incidência de micoflora de sementes (6,00%) em feijão-frade. Banyal e Ashlesha (2011) relataram que as sementes tratadas com *Trichoderma harzianum* deram a maior percentagem de germinação em feijão-frade. Murthy *et al.* (2003) observaram que o tratamento de sementes com *Trichoderma harzianum* @ 8 X 10^8 cfu/ml proporcionou uma redução significativa da micoflora das sementes até 90 por cento com 84 por cento de germinação em diferentes leguminosas. Ram e Pandey (201 1) encontraram uma incidência mínima de murcha de Fusarium do feijão-de-gato (13,81%) no tratamento combinado de sementes com metiram @ 0,1% + *Trichoderma viride*.

Quadro 10: Rastreio de antagonistas conhecidos como agentes biopreparadores e fitoextratos para controlo *in vitro* de fungos transmitidos por sementes de feijão-frade

Tratamento	Conc.	Germinação de sementes (%)*	Aumento de germinação de sementes em relação ao controlo (%)	Comprimento do rebento (cm)*	Aumento de comprimento dos rebentos em relação ao controlo (%)	Comprimento da raiz (cm)*	Aumento do comprimento da raiz em relação ao controlo (%)	Índice de vigor das plântulas (SVI)
Trichoderma viride	0.4%	88.00	73.67	9.03	72.99	11.17	81.03	1777.46
Trichoderma harzianum	0.4%	85.33	68.40	8.90	70.49	11.07	79.41	1703.73
Pseudomonas fluorescens	5.0ml	77.33	52.61	6.20	18.78	7.17	16.20	1033.47
Bacillus subtilis	5.0ml	73.33	44.72	7.60	45.60	8.63	39.87	1190.27
Extrato de sementes de Neem	0.2%	78.67	55.26	7.97	52.68	9.20	49.10	1350.00
Extrato de dente de alho	1.0%	74.67	47.37	6.10	16.86	6.87	11.35	967.73
Extrato de sementes de cominho	1.0%	72.00	42.09	6.95	33.14	7.63	23.67	1049.13
Controlo	-	50.67	-	5.22	-	6.17	-	576.60
S. Em ±		1.00		0.05		0.04		13.57
CD 0,05%		3.00		0.15		0.12		40.69

***Média** de três repetições e 25 sementes em cada repetição

Figura 4: Rastreio de antagonistas conhecidos como agentes biopreparadores e fitoextratos para o controlo *in vitro* de fungos transmitidos por sementes de

feijão-frade

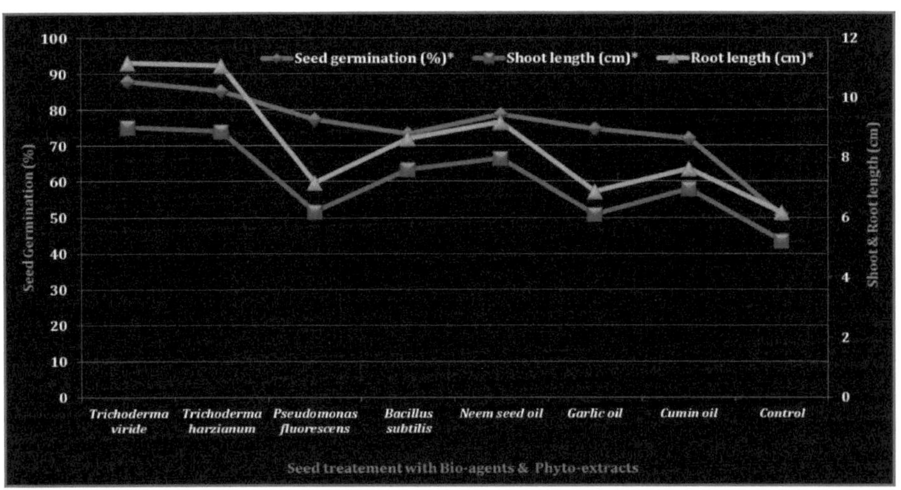

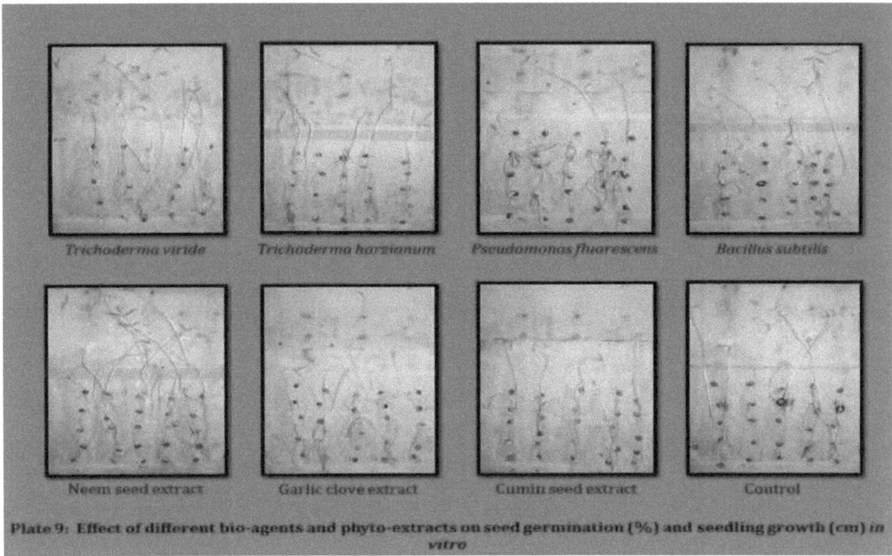

Plate 9: Effect of different bio-agents and phyto-extracts on seed germination (%) and seedling growth (cm) *in vitro*

4.11Efeito do tratamento de sementes com fungicidas na germinação de sementes de feijão-frade, comprimento de rebentos, comprimento de raízes e índice de vigor das plântulas *in vitro*

Os resultados relativos à germinação das sementes em condições laboratoriais revelaram que todos os fungicidas foram superiores ao controlo. Foram testados sete fungicidas diferentes

(Quadro 3) para verificar o seu efeito na germinação das sementes e na saúde das plântulas de feijão-frade cv. Vaishali inoculadas com uma mistura de todos os fungos isolados. Os dados apresentados no Quadro 1 1 e na Figura 5 revelaram um efeito significativo de todos os fungicidas na germinação de sementes, comprimento de rebentos, comprimento de raízes e índice de vigor de plântulas (Placa 10). Em geral, os fungicidas registaram um aumento de 45,00 a 75,00, 24,68 a 81,12 e 25,10 a 86,49 por cento na germinação de sementes, comprimento de rebentos e comprimento de raízes, respetivamente, em relação ao controlo. As sementes tratadas com metalaxil 8% + mancozeb 64% registaram a maior germinação de sementes (93,33%), a par de carbendazim 12% + mancozeb 63% (92,00%) e piraclostrobina 5% + mitiram 55% (90,67%). Enquanto que mancozeb 75% WP, carbendazim 50% WP, carboxin 75% WP e chlorothalonil 75% WP registaram 84,00, 74,67, 80,00 e 77,33% de germinação de sementes, respetivamente.

Observou-se um comprimento máximo de rebento significativo (1 1,23 cm) nas sementes tratadas com metalaxil 8% + mancozebe 64%, que foi igual ao carbendazim 12% + mancozebe 63% (1 1 ,07 cm). As sementes tratadas com mancozeb 75% WP (9,20 cm), carbendazim 50% WP (8,30 cm), pyraclostrobin 5% + metiram 55% (9,93 cm), carboxin 75% WP (8,13 cm) e chlorothalonil 75% WP (7,73 cm) também aumentaram o comprimento dos rebentos em relação ao controlo. Observou-se um comprimento máximo significativo da raiz (13,67 cm) no metalaxil 8% + mancozebe 64%, que foi igual ao da piraclostrobina 5% + mitiram 55% (13,50 cm). As sementes tratadas com mancozeb 75% WP (1 1 .87

Quadro-11: Efeito do tratamento de sementes com fungicidas na germinação de sementes de feijão-frade, no comprimento dos rebentos, no comprimento das raízes e no índice de vigor das plântulas *in vitro*

Tratamento	Conc.	Germinação de sementes (%)*	Aumento da germinação de sementes em relação ao controlo (%)	Comprimento do rebento (cm)*	Aumento do comprimento dos rebentos em relação ao controlo (%)	Comprimento da raiz (cm)*	Aumento do comprimento da raiz em relação ao controlo (%)	Índice de vigor das plântulas (SVI)
Mancozebe 75% WP	0.3%	84.00	57.51	9.20	48.39	11.87	61.93	1769.20
Carbendazime 50% WP	0.1%	74.67	40.01	8.30	33.87	10.57	44.20	1409.20
Metalaxil 8% + Mancozebe 64%	0.2%	93.33	75.00	11.23	81.12	13.67	86.49	2323.73
Piraclostrobina 5% + Mitiram 55%	0.2%	90.67	70.02	9.93	60.16	13.50	84.17	2124.53
Carbendazime 12% + Mancozebe 63%	0.2%	92.00	72.51	11.07	78.55	12.87	75.57	2201.07
Carboxina 75% WP	0.3%	80.00	50.00	8.13	31.13	9.45	28.92	1406.36
Clorotalonil 75% WP	0.3%	77.33	45.00	7.73	24.68	9.17	25.10	1306.80
Controlo	-	53.33	-	6.20	-	7.33	-	721.07
SEm ±		1.24		0.06		0.07		21.76
CD 0,05%		3.71		0.19		0.20		65.24

CV %	4.85	2.18	1.94	04.15

***Média** de três repetições e 25 sementes em cada repetição

Figura 5: Efeito do tratamento de sementes com fungicidas na germinação de sementes de feijão-frade, comprimento de rebentos e comprimento de raízes *in vitro*

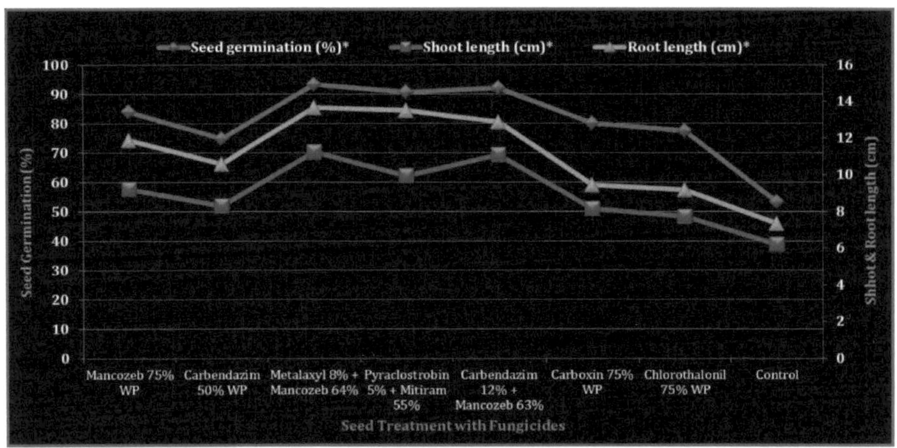

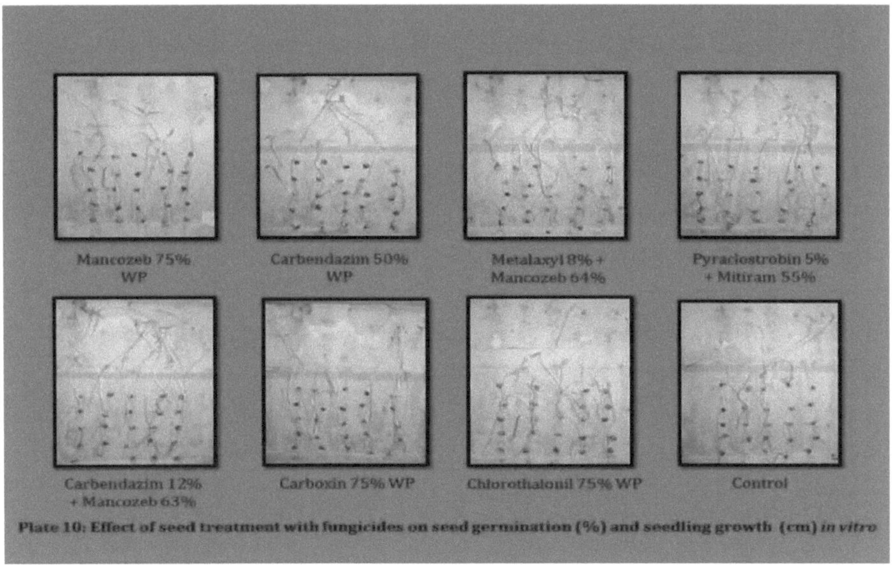

cm), carbendazim 50% WP (10,57 cm), carbendazim 12% + mancozeb 63% (12,87 cm), carboxin 75% WP (9,45 cm) e chlorothalonil 75% WP (9,17 cm) também aumentaram o comprimento da raiz em relação ao controlo.

O índice máximo de vigor das plântulas foi registado pelas sementes tratadas com metalaxil 8% + mancozebe 64% (2323,73), seguido de carbendazim 12% + mancozebe 63% (2201,07), piraclostrobina 5% + mitiram 55% (2124,53), mancozebe 75% WP (1769,20), carbendazim 50% WP (1409,20), carboxina 75% WP (1406,36) e clorotalonil 75% WP (1306,80). Pelo contrário, a germinação de sementes (53,33%), o comprimento do rebento (6,20 cm), o comprimento da raiz (7,33 cm) e o índice de vigor das plântulas (721,07) foram significativamente mais baixos nas sementes não tratadas.

Resultados semelhantes foram obtidos em sementes tratadas com Cabria top (piraclostrobina 5% + metiram 55%) a 2 g/Kg, que registaram maior germinação de sementes (76,6%) e controlo de doenças (61,1%) por Singh *et al.* (201 1) em grão-de-bico, enquanto as sementes tratadas com Ridomil MZ (metalaxil 8% + mancozeb 64%) deram maior germinação de sementes (88,77%), altura da planta (56,78 cm) e diminuição da gravidade da doença (23,63%) em sorgo por Singh e Singh (2012). Singh *et al.* (2014) observaram que as sementes tratadas com Ridomil MZ @ 0,1% e Saaf @ 0,2% deram menor incidência de doenças (8,56% e 9,55%) e maior controlo de doenças (78,03% e 75,49%) contra a podridão radicular na cultura da ervilha. Mallesh *et al.* (2008) registaram que as sementes tratadas com mancozeb @ 2 g/Kg deram maior germinação de sementes (93,00%) e índice de vigor das plântulas (2273) aos 30 DAS no feijão-frade. As sementes tratadas com carboxina registaram 84,00% de germinação de sementes em amendoim por Singh *et al.* (2004). Saroja (2012) também registou que o tratamento de sementes de chorume com mancozeb @ 3 g/Kg deu a máxima germinação de sementes (85,00%) em grão-de-bico. As sementes tratadas com Vitavax deram 80,06 por cento de germinação de sementes e o índice de vigor das plântulas é de 6183,87 observado no feijão-de-pombo por Singh *et al.* (201 1). Mogle e Maske (2012) registaram que as sementes tratadas com Dithane M-45 deram um máximo de germinação de sementes (90,00%), comprimento de rebentos (19,2 cm), comprimento de raízes (21,1 cm) e índice de vigor (3627) em sementes de feijão-frade. Ram e Pandey (201 1) encontraram uma incidência significativamente mínima de murcha de Fusarium do feijão-de-pombo (13,81%) no tratamento combinado de sementes de metiram @ 0,1% + *Trichoderma viride*.

V. RESUMO E CONCLUSÃO

O feijão-frade é uma leguminosa importante do ponto de vista económico e nutricional, constituindo uma importante fonte de proteínas para as comunidades pobres de muitas regiões tropicais e subtropicais do mundo. No sul de Gujarat, o feijão-frade é cultivado durante a estação *Kharif.* O feijão-frade sofre de uma série de doenças fúngicas transmitidas pelas sementes, pelo que os fungos que infectam as sementes são um dos constrangimentos importantes para a cultura do feijão-frade cultivada durante a estação *Kharif.* Por conseguinte, durante 2014, realizou-se uma investigação na UA-Navsari sobre o isolamento de fungos que infectam as sementes de feijão-frade, a sintomatologia induzida por fungos que infectam as sementes, o impacto dos fungos que infectam as sementes no estado de saúde das sementes no que diz respeito ao efeito na qualidade das sementes, à perda de germinação e ao vigor das sementes, o efeito dos filtrados de cultura de fungos que infectam as sementes na germinação das sementes e no crescimento das plântulas e a gestão dos fungos que infectam as sementes através do tratamento das sementes com bioagentes, fitoextratos e fungicidas.

As sementes infectadas de feijão bóer colhidas em campos de cultivo de feijão bóer dos agricultores do distrito de Navsari e da Pulse Research Station Farm, N. A. U., Navsari, revelaram uma variedade de sintomas: sementes descoloradas, murchas, danificadas, inertes e saudáveis. A maior parte da descoloração amarelada cobria toda a superfície das sementes infectadas, ao passo que as manchas castanhas se limitavam em grande parte à região do hilo das sementes infectadas.

O isolamento de fungos infecciosos de sementes colhidas de feijão-frade cultivado no campo, efectuado pelo método padrão de blotter e pelo método de placa de ágar, revelou a associação de seis fungos diferentes com sementes esterilizadas à superfície e nove fungos com sementes não esterilizadas. Estes fungos foram inicialmente designados como isolados 1 a 9. Após a purificação, cada um dos isolados foi identificado com base nas suas caraterísticas morfológicas e culturais. Os isolados foram identificados como *Alternaria alternata, Fusarium oxysporum, Fusarium moniliforme, Fusarium udum, Drechslera* sp., *Curvularia lunata, Rhizoctonia* sp., *Aspergillus niger* e *Aspergillus flavus.*

O teste de patogenicidade realizado para os fungos isolados revelou-se positivo. Estes agentes patogénicos afectaram negativamente a germinação das sementes e causaram a mortalidade das plântulas *nos* testes *in vitro* e *in vivo.* A percentagem mais elevada de mortalidade pré-emergência foi observada em sementes inoculadas com *Aspergillus niger* (58,00% e 57,50%) em testes *in vitro* e *in vivo*, respetivamente. Por outro lado, a maior mortalidade pós-emergência foi registada em *Aspergillus niger* (64,29%) no teste *in vitro* e em *Fusarium oxysporum* (68,18%) no teste *in vivo*.

O estudo da inoculação artificial de sementes de feijão-frade separadamente com nove fungos diferentes revelou efeitos adversos significativos na germinação das sementes, bem como no comprimento dos rebentos e das raízes. Em geral, os fungos induziram uma redução de 6,18 a 42,26, 9,28 a 57,80 e 20,48 a 60,61 por cento na germinação das sementes, no comprimento do rebento e no comprimento da raiz em relação às sementes saudáveis, respetivamente. A inoculação das sementes com *Aspergillus niger* reduziu significativamente a germinação (56,00%), o comprimento mínimo do rebento (4,00 cm), o comprimento da raiz (5,25 cm) e o índice de vigor das plântulas (518,20).

As sementes tratadas com filtrado de cultura de *Aspergillus niger* revelaram significativamente a menor germinação de sementes (43,00%), comprimento mínimo de rebentos (3,30 cm), comprimento de raiz (4,70 cm) e índice de vigor de sementes (344,20).

Foi determinado o efeito dos fungos que infectam as sementes na qualidade das mesmas. Foi observada uma diminuição no conteúdo de proteínas, TSS e lípidos das sementes em ambas as categorias, *ou seja*, sementes murchas e descoloridas. Entre as duas categorias, a maior redução na proteína da semente (58,17%) e no conteúdo de TSS (52,00%) foi observada nas sementes descoloridas, enquanto que a diminuição do conteúdo de lípidos (55,25%) nas sementes murchas foi superior à do controlo.

Quatro bio-agentes diferentes e três fito-extractos foram avaliados para verificar o seu efeito na germinação das sementes e na saúde das plântulas da cv. Vaishali inoculadas com uma mistura de todos os fungos isolados pelo método da toalha de papel. A biopreparação de sementes com *Trichoderma viride* registou a maior germinação de sementes (88,00%), comprimento de rebentos (9,03 cm), comprimento de raiz (1 1,17 cm) e deu o maior índice de vigor de plântulas (1777,46). Enquanto que, sementes tratadas com extrato de sementes de Neem a 1% deram a maior germinação de sementes (78,67%), comprimento de rebentos (7,97 cm), comprimento de raiz (9,20 cm) e deram o maior índice de vigor de plântulas (1350,00) em fito-extractos.

Foram avaliados diferentes fungicidas para revelar o seu efeito na germinação de sementes, comprimento de rebentos e comprimento de raízes de sementes cv. Vaishali inoculadas com uma mistura de todos os fungos isolados pelo método de papel toalha. Entre todos os tratamentos, as sementes tratadas com metalaxyl 8% + mancozeb 64% @ 0,2 % deram maior germinação

(93,33%), comprimento de rebento (1 1,23 cm), comprimento de raiz (13,67 cm) e índice de vigor de plântula (2323,73).

REFERÊNCIAS

Abd-Alla, M. S; Atalla, K. M. e El-Sawi, M. A. M. (2001). Efeito de alguns extractos de resíduos de plantas no crescimento e na produção de aflatoxinas por *Aspergillus flavus*. *Annals Agric. Sci.*, Ain Shams Univ., Cairo, **46**: 579-592.

Adu-Gyamfi, J. J; Ito, O; Yenoyama, T. e Katayama, K. (1997). Gestão do azoto e fixação biológica de azoto em culturas intercalares de feijão-frade/sorgo em alfissolos das regiões tropicais semi-áridas. *Soil Sci. Nutr.*, **43**: 1061-1066.

*Ahmed, M. I. e Reddy, R. (1993). A pictorial Guide to the Identification of seed borne fungi of Sorghum, Pearl millet, Finger millet, Chickpea, Pigeonpea and Groundnut. *Boletim informativo nº*, **34** pp: 132.

Amadi, J. E. e Oso, B. A. (1996). Mycoflora of cowpea seeds (*Vigna unguiculata* L.) and their effects on seed nutrient contents and germination. *Nigerian Journal of Science,* **30**:63-69.

Anónimo, (2014). www.indiastat.com

Arya, A. e Mathew, D. S. (1991). Seed mycoflora of pigeonpea. *Ata Botanica India*, **19**: 102-103.

Ashwini, C. e Giri, G. K. (2014). Deteção e transmissão de micoflora transmitida por sementes em efeito de grama verde de diferentes fungicidas. *Jornal Internacional de Pesquisa Avançada*

,

2(5): 1182-1186.

Balai, L. P. e Singh, R. B. (2013). Gestão da integração da praga de alternaria do feijão-de-gato com alguns fungicidas e antagonistas em condições de vaso. *The Bioscan*, **8**(3): 881-886.

Banyal, D. K. e Ashlesha (201 1). Avaliação de diferentes componentes do IDM para o manejo da antracnose do feijão-caupi causada por *Colletotrichum dematium* (Pers.) Grove. *Pl. Dis. Res.*, **24**(1):47-54.

Barua, J; Mahboob Hossain, M; Hossain, I; Syedur Rahman, A. A. M. e Abu Taher Sahel, M. D. (2007). Controlo da micoflora das sementes de feijão-mungo armazenadas pelos agricultores. *Asian Journal of Plant Sciences,* **6**: 1 15-121.

Begum, M. M; Sariah, M; Puteh, A. B; Zainal Abidin, M. A; Rahman, M. A. e Siddiqui, Y. (2010). Desempenho de campo de sementes bio-priming para suprimir *Colletotrichum truncatum* causando damping-off e stand de mudas de soja. *Controlo Biológico*, **53**: 18-23.

Begum, N; Alvi, K. Z; Haque, M. I; Raja, M. U. e Chohan, S. (2004). Avaliação da micoflora associada a sementes de ervilha e algumas medidas de controlo. *Plant Pathology Journal*, **3** : 48-51.

*Basha, S. M. e Pancholy, S. K. (1986). Qualitative and quantitative changes in the protein composition of peanut (*Arachis hypogaea* L.) seed following infestation with *Aspergillus* spp. differing in aflatoxin production. *Journal Agriculture and Food Chemistry* (EUA), **34**: 638-643.

Bhale, M. S; Khare, D., Rawt, N. D. e Singh, D. (2001). Seed borne diseases objectionable in seed production and their management. Scientific Publishers, Jodhpur (Índia). pp: 1016.

Bhattacharya, K. e Raha, S. (2002). Alterações deteriorativas de sementes de milho, amendoim e soja por armazenamento de fungos. *Mycopathologia*, **55**: 135-141 .

Chaiyasit, W; Elias, R. J; McClements, D. J. e Decker, E. A. (2007). Papel das estruturas físicas dos óleos a granel na oxidação lipídica. *Critical Revies in Food Science and Nutrition*, **47**: 299-317.

Chakraborty, A. e Sen Gupta, P. K. (2001). Algumas alterações bioquímicas em plântulas de feijão-frade susceptíveis em resposta à inoculação com Fusaria não patogénica e o seu significado na indução de resistência contra a murcha de Fusarium. *J. Mycol. Pl. Pathol.*, **31**(1): 42-45.

Chakravarthy, C. N; Thippeswamy, B. e Krishanappa, M. (2002). Seed mycoflora of pigeonpea in Karnataka. *Plant Disease Research*, **17**(1): 135-137.

*Chaudhary, S. K. e Prasad, M. (1974). Variation in sugar contents of healthy and *Fusarium oxysporum* f. *udum* infected plants of *Cajanus cajan. Phytopathologische zeit,* **80**(4): 303-305.

Christensen, C. M. e Kaufmann, H. H. (1969). Armazenamento de grãos - O papel dos fungos na perda de qualidade. Univ. of Minnesota Press, Minneapolis, pp: 153.

DAC, (2014). Fourth advance estimates of production of Food grains for 2010-1 1. Agricultural statistics division, Directorate of Economics & Statistics, Department of Agriculture & Cooperation, Government of India, N e wDe lhi(http://eands.dacnet.nic.in/advanceestimate/3rdadvanceestimates 2013-2014(english). Pdf, acedido em 10 de agosto de 2014).

Doworth, C. e Christensen, C. M. (1968). Influência do teor de humidade e do tempo de armazenamento nas alterações da flora de fungos, germinabilidade e valores de acidez da gordura da soja. *Phytopathology*, **58**: 1457-1459.

Elwakil, M. A. e El-Metwally, M. A. (200 1). Fungos transmitidos por sementes de amendoim no Egito: Patogenicidade e transmissão. *Pakistan Journal of Biological Science*, **4**(1): 63-68.

Embaby, E. M. e Abdel-Galil, M. M. (2006). Fungos transmitidos por sementes e micotoxinas associadas a algumas sementes de leguminosas no Egito. *Journal of Applied Science Research*, **2**(11): 1064-1071.

FAO, (1982). Legumes na alimentação humana. Organização das Nações Unidas para a Alimentação e a Agricultura. Food and Nutrition Series, No.20 Roma.

FAO, (2008). http://faostat fao.org/

Faris, D. G. e Singh, U. (1990). Pigeonpea: Nutrition and Products In: Nene Y L, Hall S D, Shiela V K (Eds.) The pigeonpea. ICRISAT, Patancheru 502 324, A. P. Índia. CAB International, Reino Unido. pp. 401-433: 401-433.

*Gangopadhyay, S. (1983). In Current concepts of fungal diseases. Today and Tomorrow Printers and Publishers, Nova Deli, pp: 349.

Ghangaokar, N. M. e Kshirsagar, A. D. (2013). Estudo de fungos transmitidos por sementes de diferentes leguminosas. *Tendências em Ciências da Vida*, **2**(1): 3235.

Gopinath, M. R; Sambiah, K. e Niranjana, S. R. (201 1). Effect ofstorage on redgram (*Cajanus cajan* (L.) Millsp.) and greengram (*Vigna radiata* (L.) Wilczek) with particular reference to lipid composition. *Plant Protect. Sci.*, **47**(4): 157-165.

Hulme, A. C. e Naraian, R. (1931). O método do ferricianeto para a determinação de açúcares redutores. Uma modificação da técnica de Hagedorn-Jensen-Hanes. *Biochem. J.*, **25**: 10511061.

ISTA, (1996). Regras internacionais para o ensaio de sementes. *Seed Sci. and Techol.*, **4**: 3-49.

Jalander, V. e Gachande, B. D. (201 1). Seed borne mycoflora ofdifferent varieties of pigeonpea [*Cajanus cajan* (L.) Millsp.]. *Bioinfolet*, **8**(2): 167-168.

Jalander, V. e Gachande, B. D. (2012). Efeito dos metabólitos fúngicos de alguns fungos do solo da rizosfera na germinação de sementes e no crescimento de mudas de algumas leguminosas e cereais. *Science Research Reporter*, **2**(3): 265- 267.

Jones, J. B. (1991). Kjeldahl Method for Nitrogen Determination. Athens, G A: Micro-Macro Publishing, pp: 72.

Kamal e Varma, A. K. (1980). Micoflora de sementes de arhar (T-21). Efeito de filtrados de cultura de alguns isolados na germinação de sementes e no tratamento fungicida. *Indian Journal of Mycology and Plant Pathology*, **9**: 41-45.

Kamdi, D. R; Mondhe, M. K; Jadesha, G; Kshirsagar, D. N. e Thakur, K. D. (2012). Eficácia de botânicos, bio-agentes e fungicidas contra *Fusarium oxysporum* f. sp. ciceri, em solo doente de murcha de grão-de-bico. *Annal of Biological Research* , **3**(1): 5390-5392.

Kandhare, A. S. (2014). Diferentes categorias de sementes de feijão-de-gato e a sua micoflora de sementes. *Revista Internacional de Investigação em Ciências Biológicas,* **3**(7): 74-75.

Kannaiyan, J; Nene, Y. L. e Sheila, V. K. (1980). Control of mycoflora associated with pigeonpea seeds. *Indian Journal of Plant Protection,* **8**(2): 93-98.

Khare, M. N. (1 996). Métodos para testar sementes para fungos associados. *Indian Phytopath,* **49**: 319-328.

Khayum, A. S; Anandam, R. J; Prassad, B. G; Munikrishnaiah, M. e Gopal, K. (2006). Estudos sobre a micoflora de sementes de soja e o seu efeito sobre os caracteres de qualidade das sementes e das plântulas. *Legum Res.,* **29**(3): 186-190.

*Kotgire, G. S. (2009). Estudos sobre fungos que infectam a orelha do sorgo (*Sorghum bicolor* (L.) Maench). Tese de Mestrado (Ag.), AAU, Anand, pp: 52.

Kumar, D. e Singh, T. (2004). Infeção de sementes de feijão-frade por *Aspergillus flavus* e seu efeito na germinação e sobrevivência das plântulas. *J. Mycol. Pl. Pathol.,* **34**(2): 596- 599.

Kumar, D; Lodha, P. e Singh, T. (2003). Effect of *Callosobruchus chinesis* infection on seed quality and mycoflora of pigeonpea seeds. *Journal of Phytological Research,* **16**(2): 203-206.

Kumar, S. e Upadhyay, J. P. (2014). Estudos sobre a variabilidade cultural, morfológica e patogénica em isolados de *Fusarium udum* que causam a murchidão do feijão-frade. *Indian Phytopathology,* **67**(1): 55-58.

Lapcik, O; Hill, M; Cerny, I; Lachman, J; Al-Ma-Harik, N; Adlercareutz, H. e Hampl, R. (1999). Immunoanalysis of isoflavonids in *Pisum sativum* and *Vigna radiata. Ciência das Plantas*, **148**: 111-119.

Lokesh, M. S. e Hiremath, R. V. (1992). Estudos sobre a micoflora de sementes de grama-vermelha (*Cajanus cajan* (L.) Millsp.). *Karnataka J. Agric. Sci.,* **5**(4): 353-356.

Mallesh, S. B; Deshpande, V. K. e Kulkarni, S. A. (2008). Effect of seed mycoflora management on seed germination and seedling vigor of pigeonpea during storage. *J. Ecobiol,* **23**(1): 77-82.

Mayilsamy, M. (2013). Efeitos antifúngicos dos extractos de folhas de *Catharanthus roseus* e *Eravatamia divaricate* e de um fungicida dithan M-45 na micoflora de sementes de *Vigna mungo* (L.) hepper. *International Journal of Science Innovations and Discoveries,* **3**(1): 161-164.

Mogle, U. P. e Maske, S. R. (2012). Eficácia de bio-agentes e fungicidas na micoflora de sementes, germinação e índice de vigor do feijão-caupi. *Science Research Reporter*, **2**(3): 321-326.

Murthy, K; Niranjana, S. R. e Shetty, H. S. (2003). Efeito de fungicidas químicos e agentes biológicos na melhoria da qualidade das sementes de leguminosas. *Seed Research*, **31**(1):121-124.

Neergaard, P. (1977). Patologia das sementes. Vol.1. The Macmillon Press, Londres. pp: 741.

Oluma, H. O. A. e Nwankiti, A. O. (2003). Mycoflora de armazenamento de sementes de cultivares de amendoim cultivadas na savana nigeriana. *Tropicultura*, **21**(2): 79-85.

*Padwick, G. W. (1950). Manual of cowpea diseases, Kew, Commonwealth Mycological Institute, pp: 198.

Pandey, A. K; Palni, U. T. e Tripathi, N. N. (2013). Avaliação do óleo de Clausena pentaphylla (Roxb.) DC como fungitoxicante contra a micoflora de armazenamento de sementes de feijão-de-gato. *J. Sci. Food Agric.*, **93**(7): 1680-1686.

Pandey, V; Kumar, N. e Tripathi, N. N. (2007). Inibição da deterioração fúngica de sementes de feijão-frade armazenadas pelo óleo *de Cuminum cyminum. Indian Phytopath.* , **60**(3): 306-312.

Panse, V. G. e Sukhatme, P. V. (1967). Statistical methods for Agricultural workers, ICAR Publication, New Delhi. pp:328.

Patil, D. P; Pawar, P. V. e Muley, S. M. (2012). Mycoflora associada ao feijão-de-gato e ao grão-de-bico. *Revista Internacional de Investigação Multidisciplinar*, **2**(6): 10-12.

Purushothaman, S. M. (2007). Effect of different fungicides on seed mycoflora of cowpea. *J. Arid Legumes,* **4**(2): 100- 101.

Raj, R. M; Kant, K. e Kulshrestha, D. D. (2002). Screening Soybean cultivar for seed mycoflora and effect of Thiram treatment thereon. *Seed Research*, **30**(1): 1 18-121.

Ram, H. e Pandey, R. N. (201 1). Efficacy of bio-control agents and fungicides in the management of wilt of pigeonpea. *Indian Phytopathology*, **64**(3): 269-271.

Rathour, R. e Paul, Y. S. (2004). Patogenicidade e gestão da micoflora de sementes de ervilha. *J. Mycol. Pl. Pathol.*, **34**(2): 456 -460.

Reddy, B. A; Saifulla, M; Mallesh, S. B. e Kumar, R. M. (2006). Seed mycoflora of pigeonpea [*Cajanus cajan* (L.) Mills.] and it's management. *Internat. J. agric. Sci., 2(2): 522-525.*

Saroja, D. G. M. (2012). Efeito de fungicidas na micoflora de sementes e na germinação de sementes de grão-de-bico. Indian Journal of Plant Protection, **40***(2): 150-152.*

Saxena, K. B; Kumar, R. V. e Sultana, R. (2010). Nutrição de qualidade através do pombo - uma visão geral. Hel. Dio., 10.4236/health.2010.211199.

Sengottuvel, R; Arul, G. e Rajendiran, R. (2014). Enumeração e identificação de patógenos fúngicos transmitidos por sementes em sementes salvas pelos agricultores. Revista Internacional de Avanços em Pesquisa Interdisciplinar, **1***(2): 1-6.*

Shad, M. A; Pervez, H; Zafar, Z. I; Zia-ul-Haq, M. e Nawaz, H. (2009). Avaliação da composição bioquímica e dos parâmetros físico-químicos do óleo de sementes de variedades de grão-de-bico desi cultivadas na zona árida do Paquistão. Pak. J. Bot., **41***(2): 655-662.*

Sharma, M; Ghosh, R. e Pande, S. (2013). Ocorrência de Alternaria alternata causando ferrugem no feijão-de-gato na Índia. Advance in Bioscience and Biotechnology, **4:** *702-705.*

Singh, K. B. e Singh, Y. (2012). Avaliação da eficácia de fungicidas contra a mancha foliar zonada do sorgo causada por Gloeocercospora sorghi. VEGETOS, **25***(2): 136-142.*

Singh, A. K; Sharma, V; Singh, A. K. e Singh, V. K. (2014). Efeito de extractos de folhas, fungicidas e bio-agentes contra a podridão radicular da ervilha (*Pisum sativum* L.). *Res. on Crops*, **15**(3): 651-654.

Singh, A. K; Srivastva, J. N. e Shukla, D. N. (201 1). Avaliação da micoflora de sementes de feijão-de-gato e sua gestão fungicida. *J. Mycopathol. Res.*, **49**(2): 3 13-3 16.

Singh, K. J; Frisvad, C; Thrane, U. e Mathur, S. B. (1991). An illustrated manual on identification of some seed-borne Aspergillus, Fusaria, Penicillia and their mycotoxins. AiOTryk as Odense, Dinamarca, pp: 133.

Singh, S. D; Rawal, P. e Bhargava, N. K. (2004). Pathogenic potential and control of seed mycoflora of groundnut (*Arachis hypogaea*). *J. Mycol. Pl. Pathol.*, **34**(2): 687-690.

Singh, S; Kaur, I; Sirari, A. e Singh, N. (201 1). Gestão química e biológica da infeção de *Botrytis cinerea* transmitida por sementes em grão-de-bico. *Pl. Dis. Res.*, **26**(2): 143 - 144.

Sud, D; Sharma, O. P. e Sharma, P. N. (2005). Seed mycoflora in kidney bean (*Phaseolus vulgaris* L.) in Himachal Pradesh. *Seed Research*, **33**(1): 103-107.

Syed, M. I; Lakde, H. M. e Panchal, V. H. (201 1). Variação quantitativa do teor de proteína durante o armazenamento por fungos em algumas leguminosas. *Journal of Eco-biotechnology,*

3(3): 3 1-32.

Thakur, R. P; Gunjotikar, G. A. e Rao, V. P. (2010). Safe movement of ICRISAT's seed cro ps germplasm, publicado pelo ICRISAT, Hyderabad, pp: 80, 144, 170 e 194.

Travelyan, W. E. e Harrison, J. S. (1952). Fracionamento e microdeterminação de hidratos de carbono celulares. *Biochem. J.*, **50**: 298 -310.

Wabale, H. S. (2006). Micoflora de sementes de arroz (*Oryza sativa* L.). Tese de Mestrado (Ag.), N. A. U., Navsari, pp: 67-68.

*Wollenweber, A. W. e Reinking, O. (1935). Die Fusarien. Berlim, Paul Parey, Viii pp: 355.

Zaidi, R. K. (2012). Resposta patogénica da micoflora de sementes associada ao feijão-frade, *Vigna unguiculata. Arquivos de Fitopatologia e Proteção das Plantas*, **45**(15): 1790-1795.

* Os originais não são vistos.

Printed by Books on Demand GmbH, Norderstedt / Germany